工业和信息化
精品系列教材 · 大数据技术

大数据采集与预处理

微课版

宋磊 陈天真 崔敏 / 主编
伞颖 刘莹 牛曼冰 / 副主编

Big Data Collection and Preprocessing

人民邮电出版社
北京

图书在版编目（CIP）数据

大数据采集与预处理 : 微课版 / 宋磊, 陈天真, 崔敏主编. -- 北京 : 人民邮电出版社, 2024.7
工业和信息化精品系列教材. 大数据技术
ISBN 978-7-115-63915-8

Ⅰ. ①大… Ⅱ. ①宋… ②陈… ③崔… Ⅲ. ①数据采集－教材②数据处理－教材 Ⅳ. ①TP274

中国国家版本馆CIP数据核字(2024)第050433号

内 容 提 要

本书按照大数据采集与预处理的实现流程，由浅入深地讲解大数据采集与预处理的相关技术，以及如何使用不同方式对大数据进行采集与预处理。本书内容系统、全面，可帮助开发人员快速实现大量数据的采集。

本书主要内容包括大数据采集与预处理简介、PyCharm 的安装与使用、Urllib 库数据采集、Requests 库数据采集、XPath 和 Beautiful Soup 库数据解析、Scrapy 框架数据采集与存储、Flume 和 Kafka 日志数据采集以及使用 Pandas、Pig、ELK 进行数据预处理等。

本书既可作为高等职业院校大数据、人工智能相关专业的教材，也可作为相关技术人员的参考书。

◆ 主　　编　宋　磊　陈天真　崔　敏
副 主 编　伞　颖　刘　莹　牛曼冰
责任编辑　赵　亮
责任印制　王　郁　焦志炜

◆ 人民邮电出版社出版发行　　北京市丰台区成寿寺路 11 号
邮编　100164　　电子邮件　315@ptpress.com.cn
网址　https://www.ptpress.com.cn
三河市君旺印务有限公司印刷

◆ 开本：787×1092　1/16
印张：13.5　　2024 年 7 月第 1 版
字数：291 千字　　2024 年 7 月河北第 1 次印刷

定价：56.00 元

读者服务热线：(010)81055256　印装质量热线：(010)81055316
反盗版热线：(010)81055315
广告经营许可证：京东市监广登字 20170147 号

前言 FOREWORD

互联网的飞速发展使各个行业产生海量的数据。传统的以处理器为核心的数据采集与处理方法，由于存储、管理的数据量相对较小，并不能很好地进行庞大数据的采集和处理。大数据采集与预处理技术的出现使这一现状得到改善，该技术能够实现对各种来源的海量数据进行采集和处理，从而减少从事数据采集与预处理工作的人员的工作量，提高海量数据采集和处理的效率。

本书从不同的视角对大数据采集与预处理的各种方式以及典型的项目案例进行介绍，涉及大数据采集与预处理的各个方面，主要包括初识动态网页数据采集与预处理、动态网页数据采集、动态网页数据解析、基于Scrapy 框架实现动态网页数据采集与存储、动态网页访问日志数据采集、动态网页数据预处理等，可以帮助读者提高相关技术水平。本书知识点的讲解由浅入深，力求使每一位读者都能有所收获。

本书结构清晰、内容详细，每个项目都通过项目导言、思维导图、知识目标、技能目标、素养目标、任务描述、素质拓展、任务技能、任务实施、项目小结、课后习题、自我评价这 12 个板块进行相应知识的讲解。其中，项目导言通过实际情景对项目的主要内容进行介绍，思维导图帮助读者厘清知识脉络，知识目标、技能目标、素养目标对项目的学习提出要求，任务描述对当前任务的实现进行概述，素质拓展可以潜移默化地对读者的思想、行为举止产生积极影响，实现“立德树人”，任务技能对项目所需的知识进行讲解，任务实施即对当前任务进行具体的实现，项目小结对项目内容进行总结，课后习题和自我评价帮助读者测试知识的掌握程度。

本书提供了源代码、教学 PPT、微课视频、习题参考答案等配套资源，读者可以扫描封底二维码或登录人邮教育社区（www.ryjiaoyu.com）下载查看。

本书由宋磊、陈天真、崔敏担任主编，伞颖、刘莹、牛曼冰担任副主编。宋磊进行了全书审核和统稿。参与本书编写的还有浪潮集团穆建平、王建、刘安娜、王绪良、李浩瑜，河北工业职业技术大学于丽娜等。

由于编者水平有限，本书难免存在不足之处，欢迎读者朋友批评指正。

编者

2024 年 1 月

目录 CONTENTS

项目1 初识动态网页数据采集与预处理

01

项目导言

在互联网高速发展的今天，数据来源较多且数据类型多样，人们对于数据存储和处理的需求量与日俱增。同时，高效性和可用性对于数据存储和处理至关重要。传统的以处理器为核心的数据采集和处理方法能够存储、管理和分析的数据量相对较小，可用性和扩展性较差，已经不能满足大数据的采集和处理需求。本项目将重点对数据采集与预处理的相关知识进行讲解。

思维导图

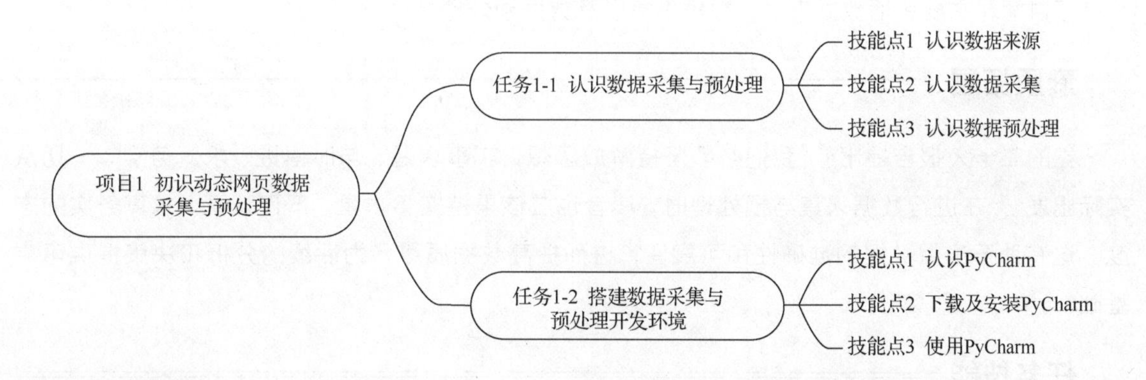

知识目标

- 了解数据采集与预处理的相关知识。
- 了解数据的来源。
- 了解数据采集与预处理的方法。
- 了解 PyCharm。

技能目标

- 具备使用数据采集方法的能力。

- 具备使用数据预处理方法的能力。
- 具备安装和使用 PyCharm 的能力。

素养目标

- 学会 PyCharm 的安装，提升数字技能和工具应用能力。
- 了解数据来源，学会辨别数据真伪，培养数据安全意识。

任务 1-1 认识数据采集与预处理

任务描述

互联网在不断的发展过程中产生了海量零散的非结构化数据。由于“数据孤岛”（数据间缺乏关联性，数据库彼此无法兼容）的存在，这些数据本身意义不大，只有将零散的数据整合为一体并进行分析后，才会成为有用且有实际意义的大数据。数据整合的过程即数据采集与预处理的过程，数据采集与预处理是大数据的核心技术之一。本任务主要对动态网页数据采集与预处理的相关概念进行讲解，主要包括数据来源、数据采集以及数据预处理。

微课 1-1 认识数据来源

素质拓展

党的二十大报告提出：“我们必须坚持解放思想、实事求是、与时俱进、求真务实，一切从实际出发。”在进行数据采集与预处理时，读者也应该秉持实事求是、严谨认真、求真务实的态度。这有助于确保数据的准确性和可靠性，进而提高数据质量，为后续的分析和决策提供可靠基础。

任务技能

技能点 1 认识数据来源

目前，数据的来源非常广泛，包括公司或者机构的内部来源和外部来源，如信息管理系统数据、网络数据、物联网数据、科学实验数据、交易数据等，并根据数据结构的不同，将数据类型分为结构化数据、半结构化数据和非结构化数据。

（1）信息管理系统数据

信息管理系统主要指通过计算机硬件、软件、网络通信设备以及其他办公设备进行信息采集、传输、存储的系统。信息管理系统数据由用户输入和系统二次加工的方式产生，并使用数据库存储。图 1-1 所示为客户信息管理系统。

图 1-1　客户信息管理系统

信息管理系统数据通常为结构化数据，即行数据，由二维表结构逻辑表示和实现，每一行为一条数据。结构化数据示例如表 1-1 所示。

表 1-1　结构化数据示例

唯一标识	姓名	来源	行业	等级	手机号
1	Liu Yi	网络营销	IT	VIP 客户	1731***1212
2	Chen Er	网络营销	教育	普通客户	1891***0220
3	Zhang San	网络营销	IT	普通客户	1991***3120
4	Li Si	网络营销	零售	VIP 客户	1131***2345
5	Wang Wu	网络营销	电子商务	VIP 客户	1911***0321
6	Zhao Liu	网络营销	教育	普通客户	1773***3320

（2）网络数据

目前，网络数据大多数是不能使用数据库二维逻辑表示和实现的半结构化数据或非结构化数据，其数据结构不规则或不完整。其中，非结构化数据主要包括邮件、图片、音频、视频等。非结构化数据示例如图 1-2 所示。该数据是一个使用 Base64 编码表示的图片。

而半结构化数据介于结构化数据与非结构化数据之间，XML 和 JSON 类型的数据就是常见的半结构化数据。半结构化数据示例如图 1-3 所示。

（3）物联网数据

物联网（Internet of Things，IOT）是新一代的信息技术，其通过传感器技术获取外界的物理、化学和生物等信息，并在互联网的基础上将网络延伸和扩展，使其在机器与机器之间进行信息交换和通信。物联网设备和传感器会生成各种类型的数据，这些物联网数据会通过网络传输到云平台或其他数据存储和处理系统进行分析和利用。物联网信息交换和通信如图 1-4 所示。

data:image/png;base64,iVBORw0KGgoAAAANSUhEUgAAAjkAAAE/CAYAAACkWtLtAAAAAXNSR0IArs4c6QAAIA
BJREFUeF7svQmQXNdlJXj+npm1F3YQBEmA+yYuEgnuoqhdsihLsmTSi9ztJazp6Ii2Jzo6ZqYdDo97wtHtaDuiZ2
xrZNmW2LJ1S5Y1SiKpkUSa+yJukLhTAEkQALEDtWT18teJc99/mb8SmVWZVV1AFfA/oliFzL+8f9/7751/77nnGn
f89SuJkSDfcgvkFsgtkFsgt0BugdwCp5QFjBzknFL9md9MboHcArkFcgvkFsgtkFogBzn5UMgtkFsgt0BugdwCuQ
V0SQvkI0eU7Nb8pnIL5BbILZBbILdAboEc50RjILdAboHcArkFcgvkFjglLZCDnF0yW/0byi2QWyC3QG6B3AK5BX
KQk4+B3AK5BXIL5BbILZBb4JS0QA5yTs1uzW8qt0BugdwCuQVyC+QWyEF0PgZyC+QWyC2QWyC3QG6BU9IC0cg5Jb
s1v6ncArkFcgvkFsgtkFsgBzn5GMgtkFsgt0BugdwCuQV0SQvkI0eU7Nb8pnIL5BbILZBbILdAboEc50RjILdAbo
HcArkFcgvkFjglLZCDnF0yW/0byi2QWyC3QG6B3AK5BYw7v/TKKVCDnLegbyMBjNkdmzQ+MKAqrqt91W7Z2zdmfa
P00jxanzV79HEXm3W+dg0spXGnwBikPWbfVWebJbKjtnPrzc8+TvpKdVhmilv+3Qd7JubK7AUjgZEoeySGuofjLd
+0tv4uu48JHs+fVhuo82rzq34z5fzqaeMH/Gk9a7sWaPPGk0u1j6jqWR0x0X0f6m0yHXbcEF1obxqzx1b7iXG2nQ
yxXX0bfYzet3XMdmpgd+MwzporMWBy/KZtz85v3ZwtTo9L2vS/ukwMM70pdV20AfaZugd+1zf7L7TfTtJx6p1obq
1jQX8z1wLb0EViInu+bB8r+6fPY/qbzxGfJtVv8/X030PPWKnzX5f9vuJBj1pgswAnC3jUN4ZhIkmAJE1gGoaamh
M9Tetj9eStLWdA5t4MKMo05+bAnb1gHw+cZj8GrQ0+++m9yx49wbt11zR9751s0LS40XygjQzMZJ+wo9L1Uy2jzS
WVeyYyo84GpnKAPKj8fu4HXoMCg5N7ki6wK/Qh56SqJ1Z137L4yISnR5UCQRzHaiibC0NEngXDdmBZJoywmp4jC/
AV10FPEiewbRthGCKIEpi0h8S0EMq8acA0+eLA/1BTriWfxkiSGDH7M+0Pdb5Y2m0xTdwHBkLDQcJnssNIBN/os
cLr6BHR+ZpnGsVmdf5aNpKAQW9IMSZRcScdJl15t7S21USAEaZjSdq4dv08UMKhvG60Sq6X7cjzKn4

图1-2　非结构化数据示例

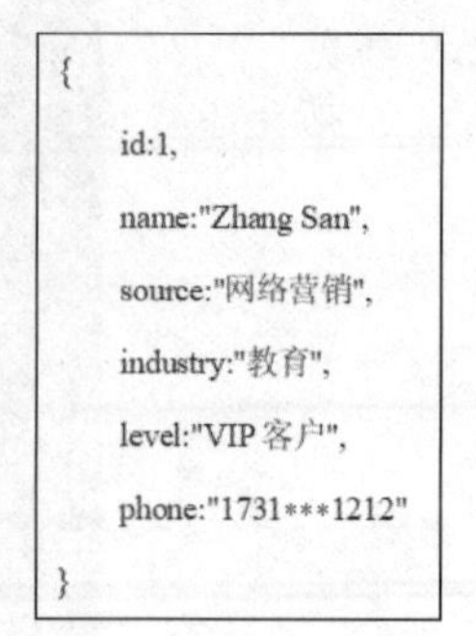
{
id:1,
name:"Zhang San",
source:"网络营销",
industry:"教育",
level:"VIP 客户",
phone:"1731***1212"
}

图1-3　半结构化数据示例

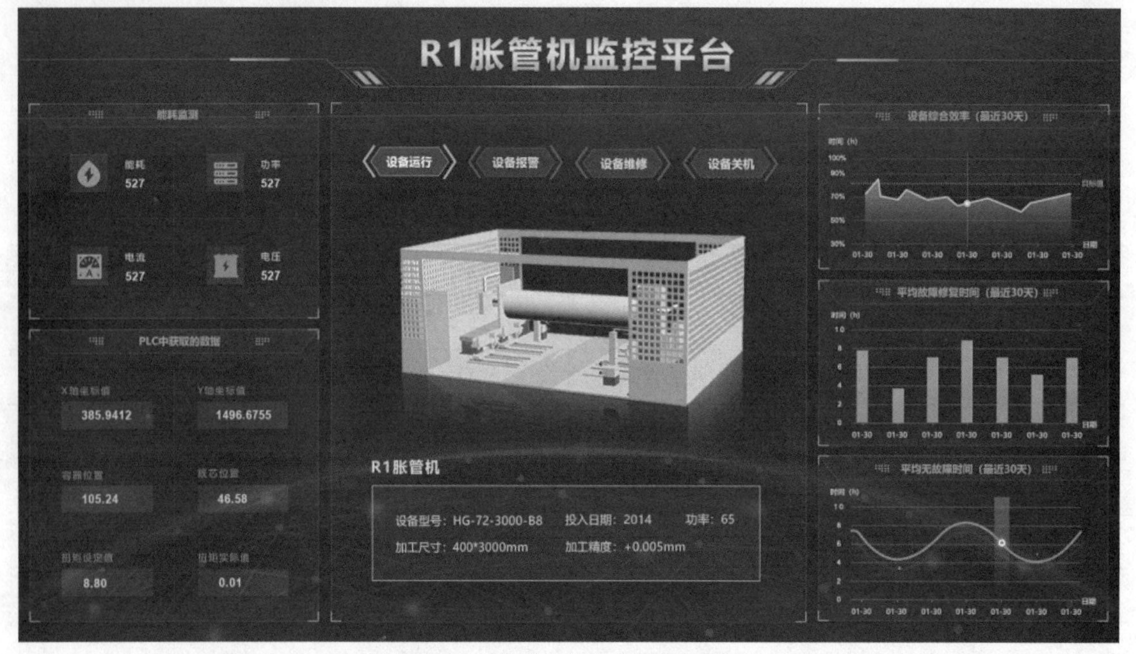

图1-4　物联网信息交换和通信

（4）科学实验数据

科学实验数据主要用于科学技术的研究。科学实验数据可以通过实验室中真实的实验过程产生，也可以由模拟的实验过程产生。表1-2所示为砂浆、砼试块抗压强度实验数据。

表1-2　砂浆、砼试块抗压强度实验数据

组别	砂浆/kN			砼试块/kN		
	1	2	3	1	2	3
1	76.53	77.58	74.83	762.5	667.5	712.5
2	53.35	54.35	51.03	705	660	730
3	67.21	72.09	71.61	685	615	732.5
4	43.93	56.07	57.42	695	662.5	672.5

续表

组别	砂浆/kN			砼试块/kN		
	1	2	3	1	2	3
5	63.13	67.54	60.62	745	725	735
6	54.28	51.59	57.97	720	615	680
7	46.08	38.56	49.51	727.5	677.5	732.5
8	57.40	55.81	54.60	175	175	165
9	45.47	42.67	41.79	670	677.5	672.5
10	42.64	41.36	38.35	552.5	572.5	572.5

（5）交易数据

交易数据通常指商品交易后产生的数据。交易数据不仅包含生活中使用信用卡或储蓄卡进行线下购物的交易数据，还包含在电子商务平台购物的交易数据等。电子商务购物数据示意如图 1-5 所示。

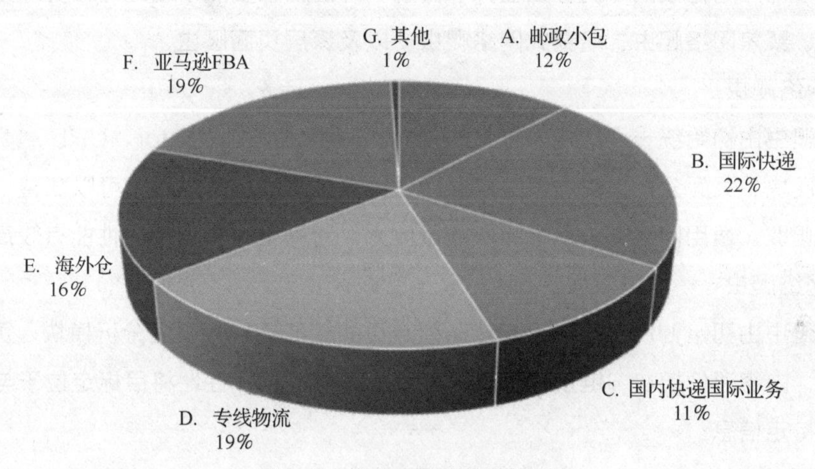

图 1-5　电子商务购物数据示意

技能点 2　认识数据采集

早期，数据采集一般通过人工录入、调查问卷、电话随访等方式实现。随着“大数据时代”的到来，面对海量的数据，通过人工方式采集数据变得十分艰难，所以需要通过技术手段进行数据采集。目前，常用的数据采集方式有网络爬虫（Web Crawler）采集、日志数据采集，以及商业工具采集。

微课 1-2　认识网络爬虫采集

1. 网络爬虫采集

网络爬虫也称为网络蜘蛛（Web Spider）、网络机器人（Web Robot）等，是目前数据采集常用的一种方式。该方式首先可以通过模拟客户端（浏览器）进行网络请求的发送并获取响应，之后按照定义好的规则将网页中的文本数据、图片数据、音频文件、视频文件等非结构化数据、半结构化数据从网页中提取出来。网页数据爬取示意如图 1-6 所示。

```
<div class="mc_home">
    <!-- 顶部导航 -->
    <header class="mc_header">
        <!-- PC导航 -->
        <div class="mc_header_pc">
            <nav class="mc_navbar clearfix">
                <div class="mc_navbar_l fl">
                    <!-- logo -->
                    <div class="mc_logo">
                        <div class="mc_logo_btn log_img_width">
                            <a href="https://www.inspur.com/"><i
                        </div>
                    </div>
                </div>
                <div class="mc_navbar_r fr clearfix">
                    <!-- 导航 -->
                    <div class="mc_navbox fl">
                        <ul class="mc_nav clearfix">
```

图 1-6　网页数据爬取示意

（1）网络爬虫的类型

网络爬虫根据应用情景的不同存在差异。目前，网络爬虫按照系统结构和实现技术可以分为通用网络爬虫、聚焦网络爬虫、增量式网络爬虫，以及深层页面爬虫。

① 通用网络爬虫

通用网络爬虫由初始统一资源定位符（Uniform Resource Locator，URL）集合、URL 队列、页面爬取模块、页面分析模块、页面数据库、链接过滤模块等组成，可以在整个互联网中进行目标资源的爬取。通用网络爬虫目标爬取数量巨大，对网络爬虫程序的性能有较高要求。

② 聚焦网络爬虫

聚焦网络爬虫由初始 URL 集合、URL 队列、页面爬取模块、页面分析模块、页面数据库、链接过滤模块、内容评价模块、链接评价模块等组成，可以选择性地将目标定位于与主题相关的页面中并爬取特定信息。

③ 增量式网络爬虫

增量式网络爬虫主要用于对页面数据会不断变化的页面进行爬取，可以爬取网页中更新的数据。

④ 深层页面爬虫

Web 页面按存在方式分为表层页面和深层页面。表层页面是传统搜索引擎可以索引的页面，是以超链接可以到达的、静态网页为主的 Web 页面。深层页面是指那些大部分内容无法通过静态链接直接获取的页面，这些内容通常隐藏在搜索表单后面。只有在用户提交特定关键词后，才能获取到这些 Web 页面的内容。在使用深层页面爬虫获取深层页面数据时，需要通过一定的附加策略才能够自动爬取，实现难度较大。

（2）网络爬虫的用途

网络爬虫主要用于自动获取互联网上的数据或信息，可为数据分析提供重要且庞大的数据。目前，网络爬虫可以应用到多个方面，如搜索引擎、数据统计分析、数据比较等。

① 搜索引擎

搜索引擎主要的工作就是利用网络爬虫去获取各个网站的页面，一旦发现网页更新，就启动网络爬虫程序获取页面的信息，然后筛选和整理，最终在用户搜索相关信息时，将网页以排名的方式呈现。

② 数据统计分析

在开通新的数据业务后，若数据量较小，可以通过网络爬虫去其他平台获取数据，实现业务数据的填充，之后，即可根据业务需求对数据进行统计分析。例如，由于企业的相关信息有限，这时可以对天眼查、企查查等网站中企业的信息进行爬取，之后将其集成在自己的项目中。企业查询如图 1-7 所示。

图 1-7 企业查询

③ 数据比较

随着电商平台数量的增多，出现了多个比价平台。这些比价平台可以从淘宝、京东、拼多多等电商平台中爬取同一商品的价格，之后，即可提供给用户最实惠的商品价格。商品价格对比示意如表 1-3 所示。

表 1-3 商品价格对比示意

黄金周促销比价单/元			
商品名称	**苏宁易购**	**京东自营**	**京东五星电器**
长虹 55A1U	3151	2999	2799
松下洗衣机 XQC90-E9055	5299	4998	4798
松下冰箱 NR-D380TX-XN	—	8290	7499
九阳破壁料理机 Y3	1072	1499	699
TCL55P-CF	3999	4799	3799
海信 LED58K300U	3999	4399	3999

（3）网络爬虫的基本流程

用户获取网络数据有两种方式，一种是浏览器发送请求→下载网页代码→解析网页；另一种是模拟浏览器发送请求（获取网页代码）→接收响应→解析网页→提取资源或提取链接→存储资源或发送请求。网络爬虫一般使用第二种方式，其爬取流程如图 1-8 所示。

① 发送请求

在爬虫过程中一般使用 HTTP 通过 URL 向目标站点发送请求，即发送一个 Request 请求。该请求中包含请求头和请求体。其中，请求头为 User-Agent，包含发出请求的用户信息，User-Agent 的设置常用于处理反爬虫；请求体则包含 POST 请求需提交的数据。

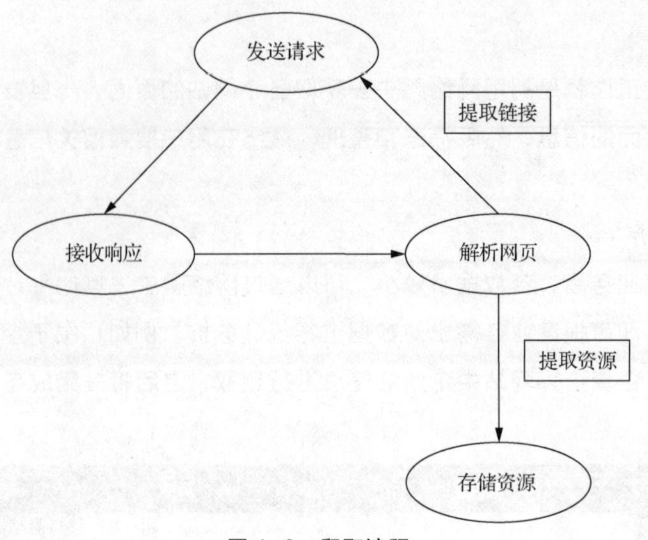

图 1-8　爬取流程

② 接收响应

如果发送请求成功，可获取特定 URL 返回的响应，得到一个 Response，Response 包含 HTML 文档、JSON 文件、图片、视频等。

③ 解析网页

解析网页实质上首先需要完成提取网页上的链接和提取网页上的资源两项操作，之后，提取出符合定义规则的数据。

④ 存储资源

解析完的数据可以保存在数据库中（常用的数据库有 MySQL、MongoDB、Redis 等），或者保存为 JSON、CSV、TXT 文件。

（4）网络爬虫的实现方法

Python 有多个用于爬虫操作的库和框架，如 Urllib、Requests、XPath、Beautiful Soup、Scrapy 等。

① Urllib 库

Urllib 库是 Python 内置的 HTTP 网络爬虫库，包含诸如 URL 内容爬取、HTTP 请求发送、文件读取等多个操作 URL 的相关模块。

② Requests 库

Requests 库是一个基于 Urllib 库使用 Python 编写的第三方 HTTP 库，采用 Apache License 2.0 开源协议开发。Requests 库图标如图 1-9 所示。

图 1-9　Requests 库图标

③ XPath 库

XPath 库是一种用于在 XML 文档中定位和选择节点的查询语言。XPath 库用于解析和处理 XML 文档，并使用 XPath 表达式进行节点选择和提取，XPath 库使得开发者可以灵活地定位和提取 XML 文档中的数据。

④ Beautiful Soup 库

Beautiful Soup 库是一个可以从 HTML 或 XML 文件中提取数据的 Python 库，能够通过转换器实现文档导航，以及查找和修改文档。

⑤ Scrapy 框架

Scrapy 框架是一个基于 Python 的网络爬虫框架。Scrapy 框架使得开发者可以更高效地构建、组织和管理爬虫程序。Scrapy 框架被广泛应用于数据爬取、数据挖掘、信息收集等领域。Scrapy 框架图标如图 1-10 所示。

图 1-10　Scrapy 框架图标

2. 日志数据采集

微课 1-3　认识日志数据采集和商业工具采集

日志数据采集主要是收集网页日常产生的大量日志数据，如浏览日志（如 PV、UV）、交互操作日志（如操作事件）等，供离线和在线的数据分析系统使用。目前，有两种常用的日志数据采集方法，分别是 JS（JavaScript）埋点采集日志数据、Flume 采集日志数据。

（1）JS 埋点采集日志数据

JS 埋点是指通过在页面中植入 JS 代码实现日志数据的采集，包括用户单击了哪个按钮、页面之间的跳转次序、用户停留时长等。JS 埋点可以在项目开发过程中手动植入，也可以在服务器请求时自动植入，并在采集完成后，根据不同需求通过 HTTP 参数的方式立即或延迟汇总传递给后端，最后由后端脚本解析该 HTTP 参数，并依据格式将数据存储到访问日志文件中。

（2）Flume 采集日志数据

Flume 是一个分布式的、高可靠的、高可用的日志数据采集系统，可以将大批量的、不同数据源的日志数据聚合并移动到数据中心（如 HDFS）进行存储。Flume 图标如图 1-11 所示。

图 1-11　Flume 图标

3. 商业工具采集

为了提高数据采集的便利性，提高工作效率，除了通过编写代码的方式实现数据采集，还可以通过一些常用的数据采集工具来实现数据采集，这可以使用户在不了解数据采集代码的情况下完成海量数据的获取。常用的数据采集工具包括浪潮数据采集平台、日志易、八爪鱼采集器等。

（1）浪潮数据采集平台

浪潮数据采集平台提供了多场景数据计算和分析挖掘的科研基础环境，充分结合行业课题的相关数据，并利用大数据技术深入挖掘分析，以满足行业大数据的科研工作需求，进一步提升高校的大数据科研水平，借助完善的产学研体系，实现科研成果向业务价值的转化。

（2）日志易

日志易是一款专业的日志管理工具，能够对日志数据进行集中采集、准实时索引处理，以及搜索。搜索主要包括范围查询、字段过滤，以及模糊匹配等功能。日志易图标如图 1-12 所示。

（3）八爪鱼采集器

八爪鱼采集器是一款免费、简单、直观的网络爬虫工具，无须编码即可从许多网站爬取数据。八爪鱼采集器为初学者准备了“网站简易模板”，涵盖了市面上的主流网站。通过使用“网站简易模板”，用户无须进行任务配置即可采集数据。八爪鱼采集器图标如图 1-13 所示。

图 1-12 日志易图标

图 1-13 八爪鱼采集器图标

技能点 3 认识数据预处理

微课 1-4 认识数据预处理

现实中的数据有很多是“脏”数据，也就是不完整（缺少属性值或仅包含聚集数据）、含噪声（包含错误或存在偏离期望的离群值）、不一致（用于商品分类的部门编码存在差异）的数据，致使采集到的数据大多是不规则、非结构化的。因此，读者在分析数据之前，需要对采集到的数据进行预处理，以提高数据分析与预测结果的准确性。并且，由于数据规模的不断扩大以及数据缺少、重复、错误等问题的出现，往往需要将整体流程的约 60%的时间花费在数据预处理上。

1. 数据预处理方式

数据预处理就是对大量杂乱且难以理解的数据进行操作的过程，能够极大地提高数据的总体质量。目前，常用的数据预处理方式有 4 种，分别是数据清洗、数据集成、数据规约、数据转换。

（1）数据清洗

数据清洗是发现并纠正数据中可识别错误的一种方式，包括检查数据一致性、处理无效值和缺失值等。数据清洗可以应用在缺失值清洗、格式内容清洗、逻辑错误清洗、非需求数据清洗等方面。

① 缺失值清洗

缺失值，顾名思义，就是数据内容缺失。可以通过删除有缺失值的整行数据或删除有过多缺失值的变量、以业务知识或经验推测并人工填充缺失值、利用计算结果（如平均值、中位数、众数等）进行填充、在完整数据中找到一个与它最相似的数据并使用相似数据的值填充等方式实现缺失值清洗。用平均值填充缺失值如图 1-14 所示。

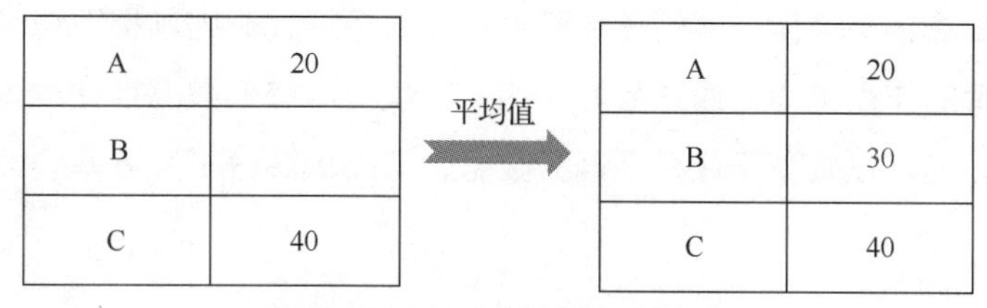

图 1-14　用平均值填充缺失值

② 格式内容清洗

因数据来源不同，数据格式等也会存在不一致的情况，如书写格式、出现不存在的字符、数据与字段不匹配等。对不同的问题，有不同的格式内容清洗的处理方式，如表 1-4 所示。

表 1-4　格式内容清洗

问题	处理方式
书写格式	修改内容，将格式统一
出现不存在的字符	以半自动校验、半人工方式来找出可能存在问题的数据，并去除或修改数据中不符合格式的字符
数据与字段不匹配	不能直接删除，需要了解具体情况，再选择解决方案

③ 逻辑错误清洗

逻辑错误清洗可以通过简单的逻辑推理发现存在问题的数据，如数据重复、数值不合理、数据冲突等。逻辑错误清洗的处理方式如表 1-5 所示。

表 1-5　逻辑错误清洗

问题	处理方式
数据重复	删除
数值不合理	选择删除数据或根据实际业务情况对数据值进行处理
数据冲突	先判断字段与信息，之后选择删除或修改该数据

④ 非需求数据清洗

非需求数据就是在数据分析时没有可分析的意义或不会被分析的数据，在数据处理操作中，只需将其删除即可。但需要注意的是，不要把重要的字段（如学生数据中学生的姓名、学号等）、不确定是否需要的字段（如学生数据中学生的身高、体重等，在进行学生成绩分析时并不需要，但在进行学生健康情况分析时需要）等删除。

（2）数据集成

数据集成指将互联网中分布在不同位置的诸如各类 XML 文档、HTML 文档、电子邮件、文本文件等结构化数据和半结构化数据等数据源中的数据综合存储在一个位置。使用者将重点放在访问方式，而不是访问的实现过程，极大地提高了数据的一致性和信息共享利用率。

（3）数据规约

数据规约即数据的精简操作，能够在尽可能保持数据源代码的前提下精简数据，并且精简后的数据与原数据发挥的作用相同。通过数据规约，不仅可以降低数据存储成本，而且可以极大地减少数据分析时间，还可以减少无效、错误的数据，从而提高分析准确率。数据规约常用方式如表 1-6 所示。

表 1-6　数据规约常用方式

方式	描述
维数规约	用于多维数组，可以将不需要的整列数据删除实现数据维数的减少，提高计算效率
数量规约	通过在原数据中选择替代的、较少的数据来减少数据量
数据压缩	用于存储空间，在不丢失有用信息的前提下，通过缩减数据量或重新组织结构减少数据的存储空间，提高其传输、存储和处理效率

（4）数据转换

数据转换主要用于数据的规范化处理。数据转换将不符合要求的数据或数据格式转换为适合统计和分析的数据。数据转换常用方式如表 1-7 所示。

表 1-7　数据转换常用方式

方式	描述
光滑	通过回归、分类等算法去掉数据中含有的噪声
属性构造	在指定结构的数据集中，添加新的属性，提高数据准确率，帮助工程师理解高维数据结构
规范化	将数据集中的数据按一定比例进行缩放，使之落入特定的区间内，常用的规范化方法有零-均值化、归一化等

2. 数据预处理工具

针对数据预处理，有多种数据预处理工具可以满足不同开发人员的需求。目前，常用的数据预处理工具有 Pandas、Pig 和 ELK。

（1）Pandas

Pandas 是一个基于 Python 的数据分析库，其集成了大量的库和多个标准数据模型，主要用于实现数据的分析与处理。Pandas 可以实现数据集的快速读取、转换、过滤等操作。Pandas 图标如图 1-15 所示。

图 1-15 Pandas 图标

（2）Pig

Pig 是由雅虎开源的、基于 Hadoop 开发的并行处理框架。Pig 使用类似于 SQL 的、面向数据流的语言 Pig Latin 在 Hadoop 中执行所有的数据处理操作，通常与 Hadoop 一起使用。Pig 图标如图 1-16 所示。

图 1-16 Pig 图标

（3）ELK

ELK 主要用于采集集群日志数据，从而对集群日志数据进行有效的处理，主要由 Elasticsearch、Logstash 和 Kibana 这 3 个开源工具组成。

① Elasticsearch

Elasticsearch 是一个基于 Lucene 的开源分布式搜索服务器，具有零配置、分布式、索引自动分片、自动发现、索引副本机制、自动搜索负载等特点。Elasticsearch 图标如图 1-17 所示。

② Logstash

Logstash 的主要功能是对日志数据进行采集、过滤，并将其存储下来，方便以后搜索。Logstash 自带一个 Web 界面，可以搜索和展示所有日志数据。Logstash 图标如图 1-18 所示。

图 1-17 Elasticsearch 图标

图 1-18 Logstash 图标

③ Kibana

Kibana 是一款基于浏览器页面的 Elasticsearch 前端展示工具，可以为 Logstash 和 Elasticsearch 提供友好的 Web 界面和日志分析功能。Kibana 主要用于汇总、分析和搜索重要的日志数据。Kibana 图标如图 1-19 所示。

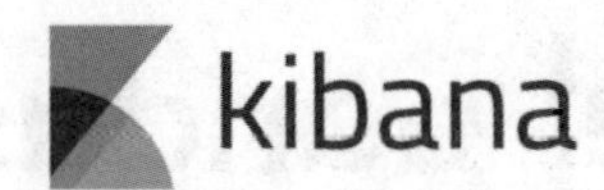

图 1-19　Kibana 图标

任务 1-2　搭建数据采集与预处理开发环境

任务描述

PyCharm 是 Python 程序开发中非常受欢迎的一款工具，能够实现 Python 程序的调试、智能提示、单元测试、版本控制等多种程序开发辅助功能。本任务主要实现 PyCharm 的下载和安装。在任务实现过程中，为读者简单讲解 PyCharm 的相关概念以及 PyCharm 的安装，并在任务实施中进行 PyCharm 的 Python 环境的配置，为后期大数据采集与预处理的实现提供支持。

素质拓展

在大数据采集和预处理领域，Python 是最常用的编程语言之一。Python 虽然入门简单，但需要严密的逻辑思维，读者在学习过程中仍要保持端正的学习态度，一步一个脚印地打好基础，用心做好每一件事。

任务技能

技能点 1　认识 PyCharm

微课 1-5　认识 PyCharm

PyCharm 是一款由 JetBrains 开发的集成开发环境，不仅支持 Python 程序的开发，还支持其他多种语言的编程，如 CSS、HTML、JavaScript 等。它具备程序开发所需的多种功能，如调试、语法高亮、项目管理、代码跳转、智能提示、自动补全等，是 Python 开发最常用的一款工具。PyCharm 图标如图 1-20 所示。

图 1-20　PyCharm 图标

PyCharm 还具有多种方便程序开发的优势，具体如下。

- 支持编码协助。
- 支持项目代码导航。
- 支持代码分析。
- 提供代码重构工具。
- 支持 Django。

技能点 2 下载及安装 PyCharm

微课 1-6 安装 PyCharm

目前，PyCharm 有专业版和社区版两个版本，其中，专业版功能强大，为 Python 以及 Python Web 的开发人员所准备。但需要注意的是，使用专业版的 PyCharm 需要付费；而社区版较轻量，在专业版的基础上进行了功能的删减，但能够满足 Python 相关项目的日常开发。不管是专业版的还是社区版的 PyCharm，只需本地存在 Python 环境即可跨平台使用。PyCharm 的安装步骤如下。

第一步：进入 PyCharm 的官网，如图 1-21 所示。

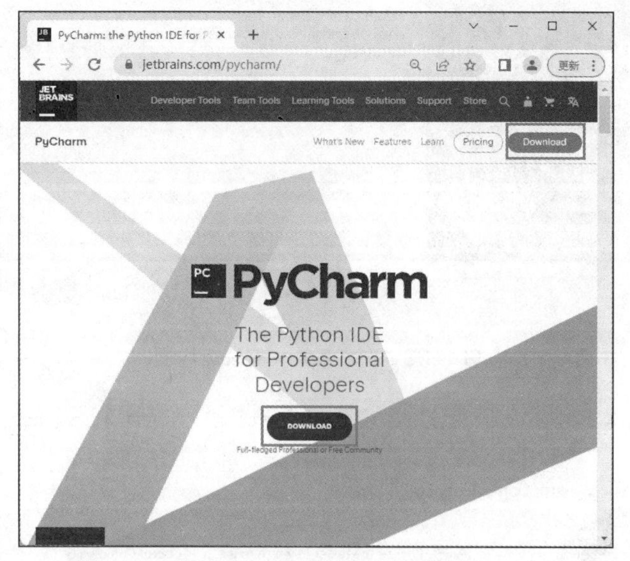

图 1-21 PyCharm 的官网

第二步：单击官网右上角的“Download”按钮或中间的“DOWNLOAD”按钮，即可跳转到 PyCharm 安装文件下载页面，如图 1-22 所示。

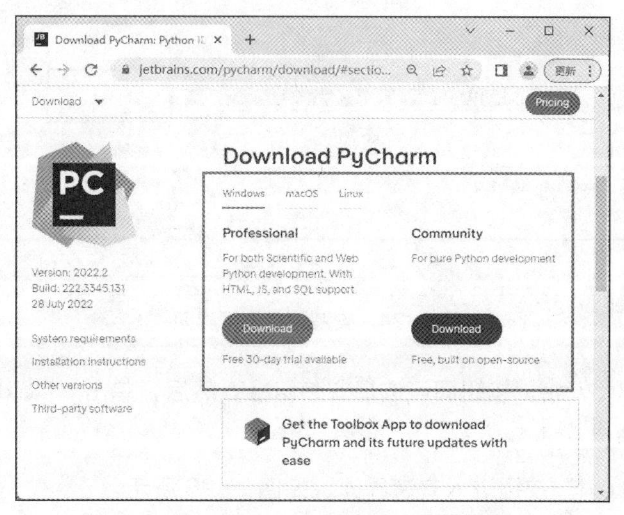

图 1-22 PyCharm 安装文件下载页面

第三步：选择符合的操作系统后，选择 PyCharm 版本，其中，Professional 为专业版，Community 为社区版，最后，单击相应的“Download”按钮下载 PyCharm 安装文件。

第四步：双击下载好的安装文件，进入 PyCharm 安装首界面，如图 1-23 所示。

图 1-23　PyCharm 安装首界面

第五步：单击“Next”按钮，进入安装路径选择界面，如图 1-24 所示。

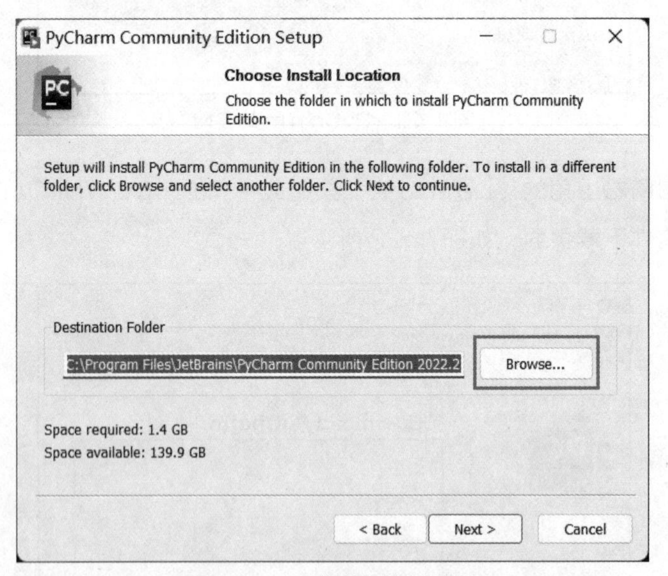

图 1-24　安装路径选择界面

第六步：单击“Browse”按钮即可选择安装路径，然后，单击“Next”按钮进入安装选择界面，如图 1-25 所示。

第七步：单击“Next”按钮进入安装界面，如图 1-26 所示。

第八步：单击“Install”按钮即可进行 PyCharm 的安装，如图 1-27 所示。

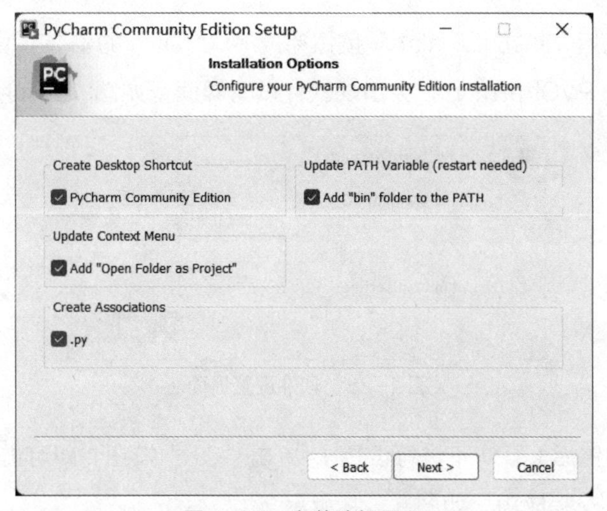

图 1-25　安装选择界面

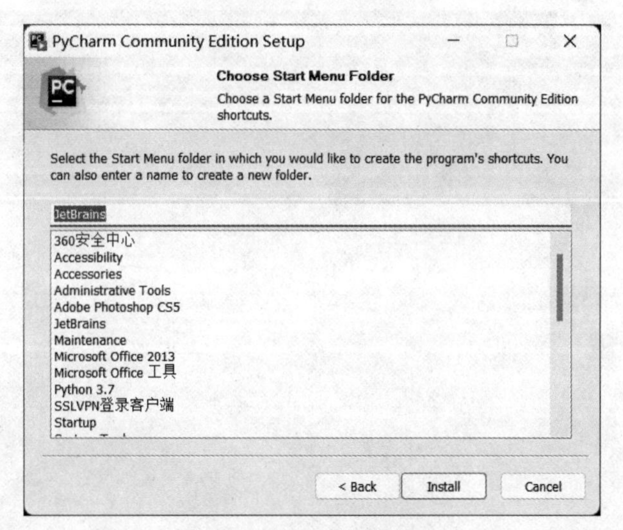

图 1-26　安装界面

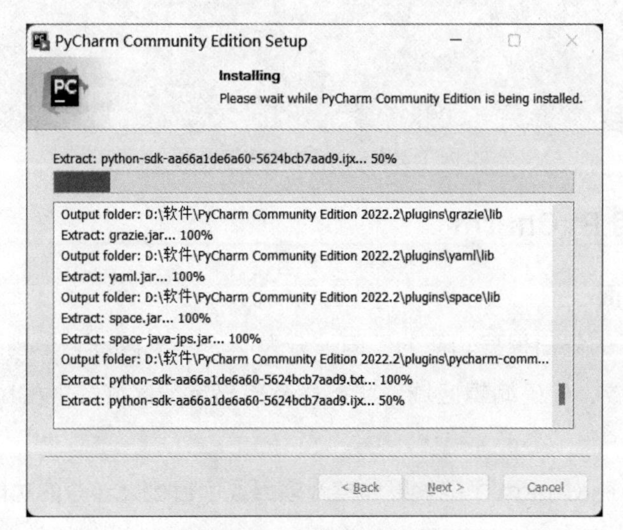

图 1-27　安装 PyCharm

第九步：安装完成后，单击“Finish”按钮完成 PyCharm 的安装。

第十步：首次打开 PyCharm 时，会出现软件设置界面，如图 1-28 所示。

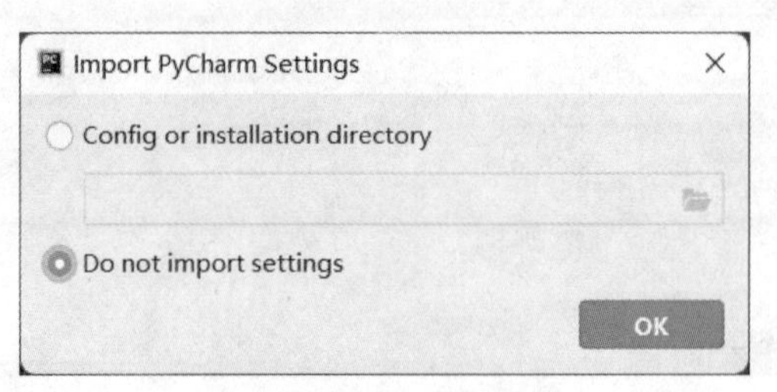

图 1-28　软件设置界面

第十一步：完成设置后（默认不进行设置），单击“OK”按钮，即可进入 PyCharm 首界面，此时，说明 PyCharm 安装成功，如图 1-29 所示。

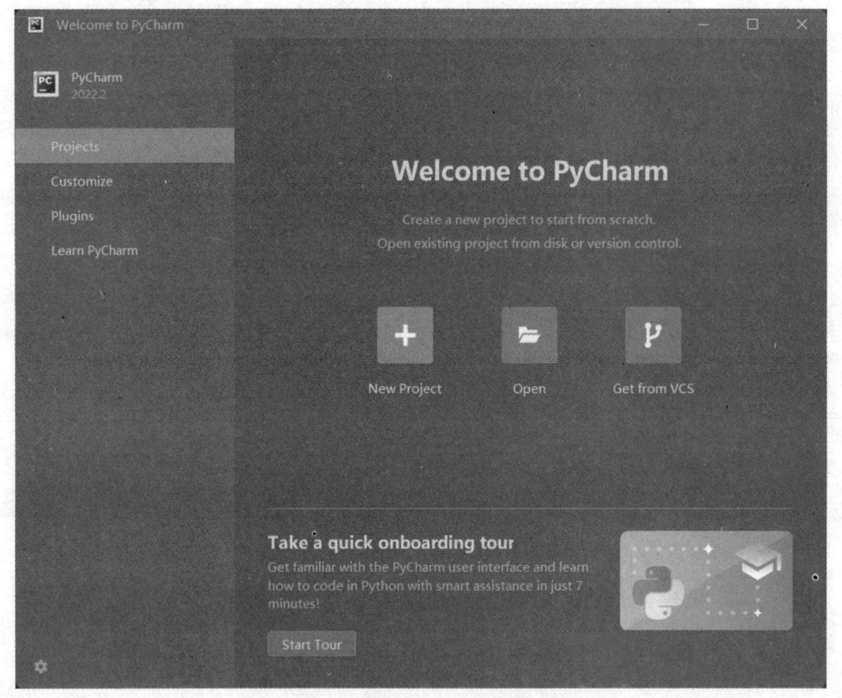

图 1-29　PyCharm 首界面

技能点 3　使用 PyCharm

1. PyCharm 界面

目前，PyCharm 的界面根据功能的不同被分为 7 个主要区域，分别是菜单栏、导航栏、工具栏、项目目录区域、代码编辑区域、状态栏及代码运行区域。PyCharm 界面如图 1-30 所示。

- 菜单栏：包含 PyCharm 中能够影响整个项目或项目极大部分的功能及命令，主要由 11 个菜单项组成，具体功能如表 1-8 所示。

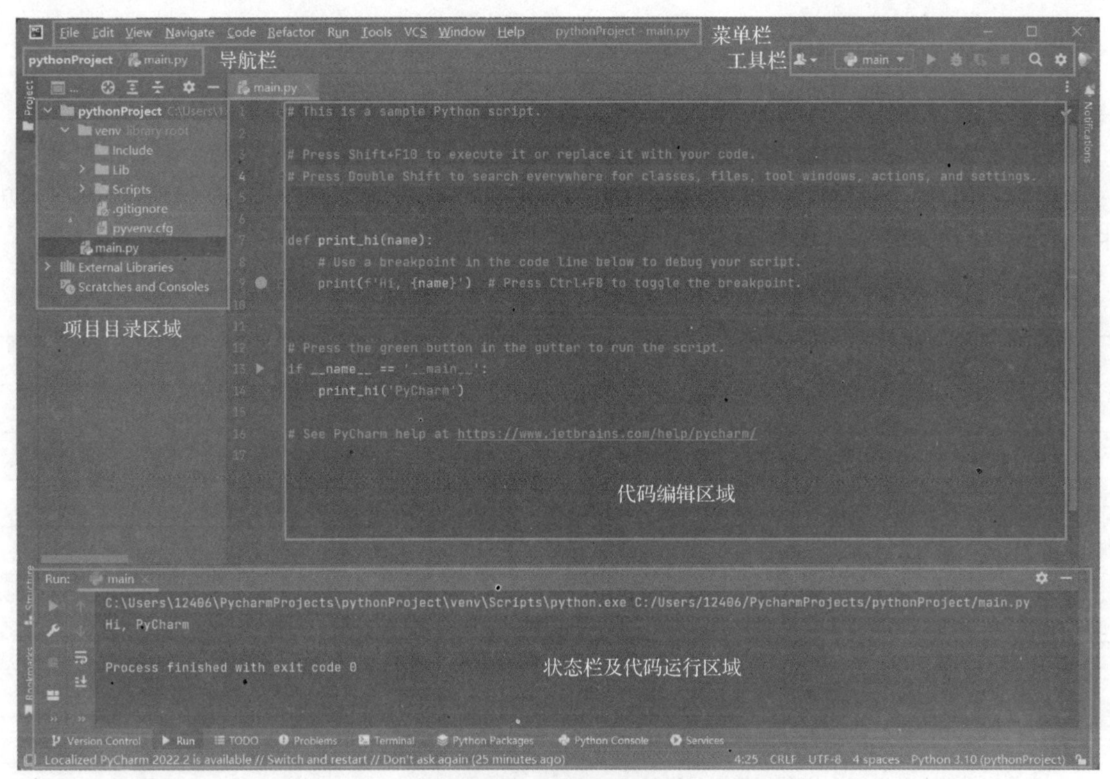

图 1-30　PyCharm 界面

表 1-8　菜单栏组成

菜单项	描述
File	包含 PyCharm 所有的文件操作及设置，如项目的打开、关闭、保存、Python 文件的创建、软件设置等
Edit	包含 PyCharm 提供的常用编辑功能，如复制、粘贴、删除等
View	包含 PyCharm 界面的设置，如工具窗口设置、外观设置等
Navigate	包含导航的相关功能，如向前、后退、搜索、跳转等
Code	包含代码的相关操作，如折叠、注释、格式化、代码检查等
Refactor	包含 PyCharm 中的重构操作，如重命名、移动或复制到指定目录、安全删除等
Run	包含项目运行时的相关操作，如项目运行、停止、调试等
Tools	包含 PyCharm 提供的常用工具，如模板保存、控制台使用等
VCS	包含 VCS 仓库操作
Window	包含 PyCharm 显示窗口的设置
Help	包含 PyCharm 相关帮助操作

- 导航栏：快速定位已打开的文件。
- 工具栏：显示常用的功能，能够快速进行项目的运行、停止等操作。
- 项目目录区域：列出当前项目中所包含的文件。
- 代码编辑区域：编写代码。

- 状态栏：显示编辑器的执行状态。
- 代码运行区域：与 Python 的交互式命令行类似，可以显示 Python 程序的运行结果。

2. PyCharm 快捷键

为了方便开发人员操作，PyCharm 提供了多个快捷键，如撤销、复制、粘贴等。PyCharm 中常用的快捷键如表 1-9 所示。

表 1-9　PyCharm 中常用的快捷键

快捷键	描述
Ctrl + /	行注释或取消行注释
Ctrl + Alt + L	根据模板格式对代码格式化
Ctrl + Alt + S	PyCharm 设置
Ctrl + D	复制当前行或者所选代码块
Ctrl + Y	删除光标所在位置的行
Ctrl + F	在当前文件内快速查找代码
Ctrl + Z	撤销
Ctrl + Shift + F	指定文件内查找路径
Ctrl + R	当前文件内代码替代
Ctrl + Shift + R	指定文件内代码批量替代
Shift + F10	运行
Alt + Shift + F10	运行指定文件
Shift + F9	调试程序
Shift + F6	重命名
F11	切换标记
F5	复制
F6	移动

任务实施

学习了 PyCharm 相关知识后，本任务将通过以下几个步骤，完成 PyCharm 中 Python 环境的配置并进行项目的创建。

微课 1-7　任务实施

第一步：打开 PyCharm，进入 PyCharm 首界面，单击“New Project”按钮进入项目创建界面，如图 1-31 所示。

第二步：在选择项目路径、项目名称并配置 Python 环境后，单击“Create”按钮，即可创建项目并进入项目开发界面，如图 1-32 所示。

第三步：执行“File”→“New”命令，弹出文件创建窗口，如图 1-33 所示。

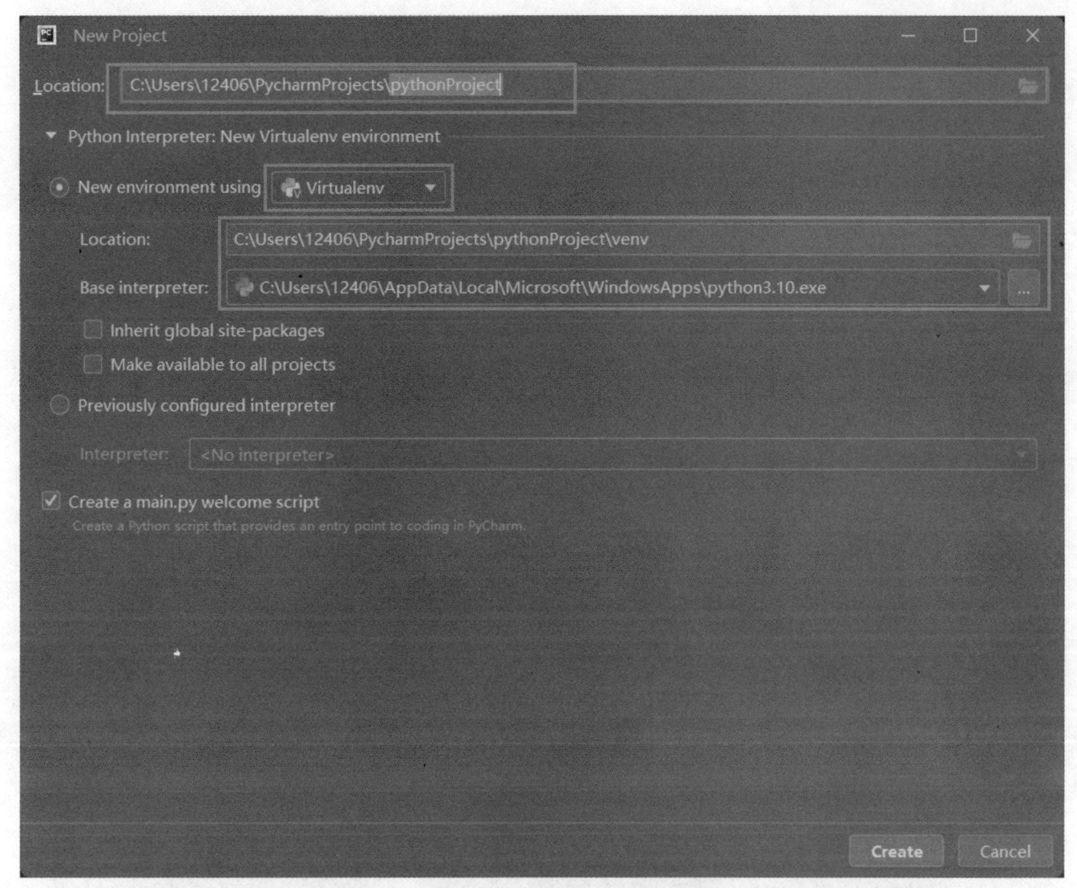

图 1-31　项目创建界面

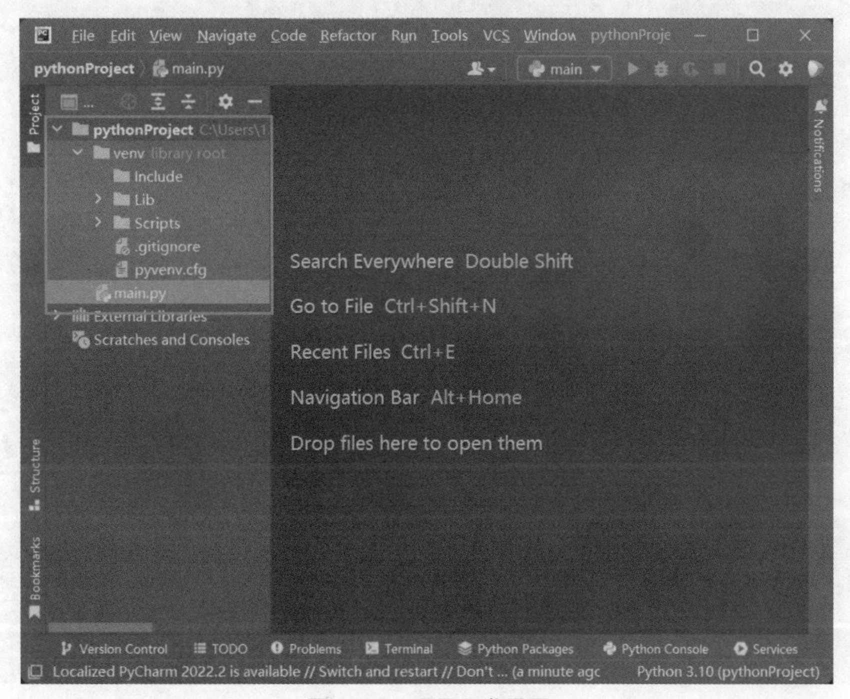

图 1-32　项目开发界面

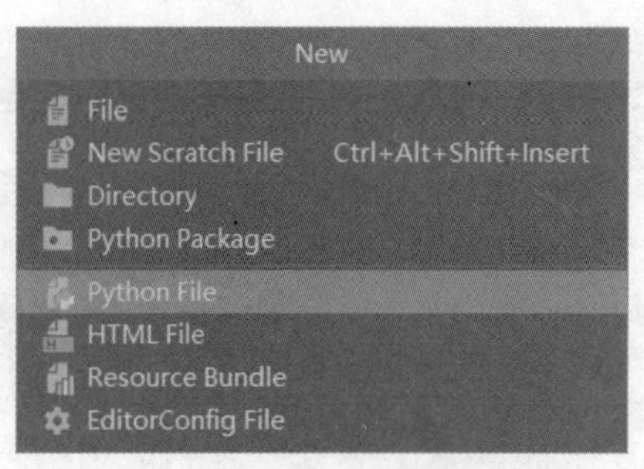

图 1-33 Python 文件创建窗口

第四步：选择“Python File”并输入文件名称以进行 Python 文件的创建，如图 1-34 所示。

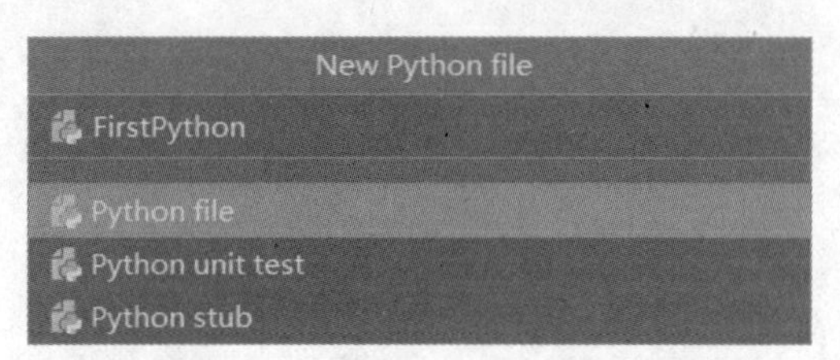

图 1-34 Python 文件的创建

第五步：按“Enter”键或双击“Python file”，即可完成创建并进入代码编辑区域，如图 1-35 所示。

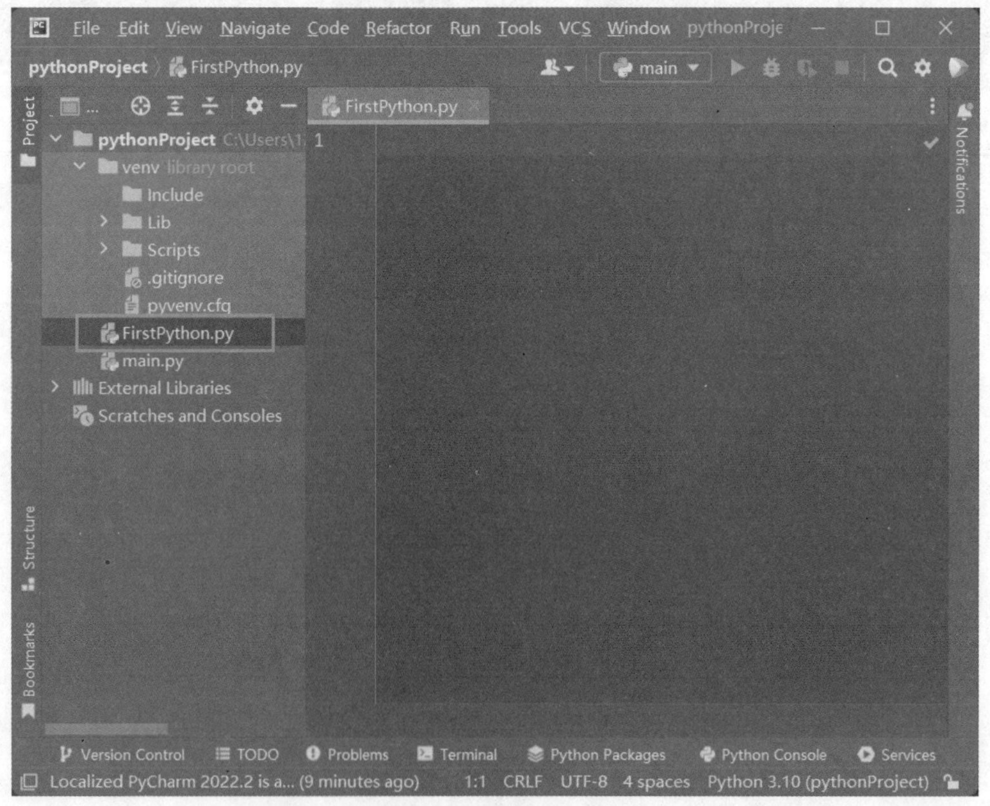

图 1-35 代码编辑区域

第六步：在代码编辑区域进行 Python 代码的编写，这里使用 print()方法进行“Hello World！”的输出，如图 1-36 所示。

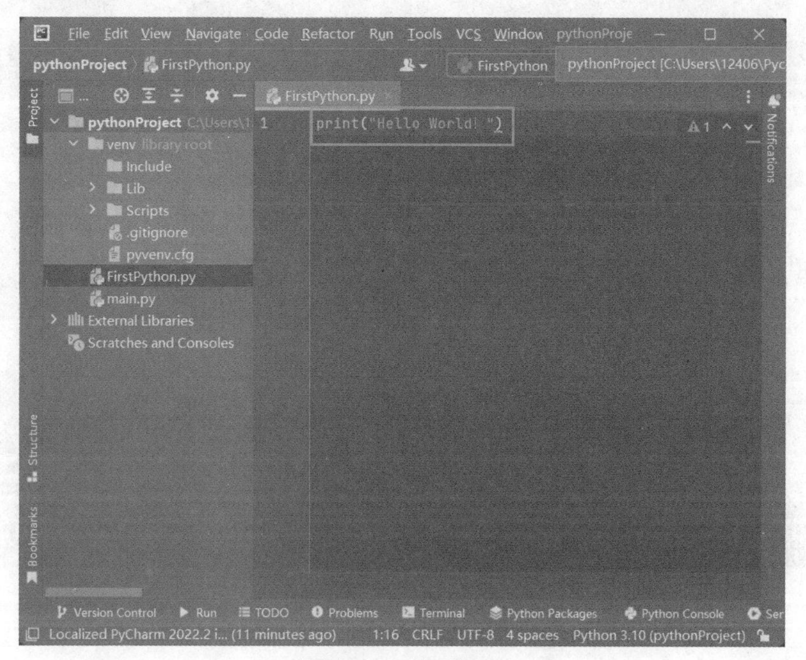

图 1-36　编写程序

第七步：在代码编辑区域右击，显示代码操作菜单，如图 1-37 所示。

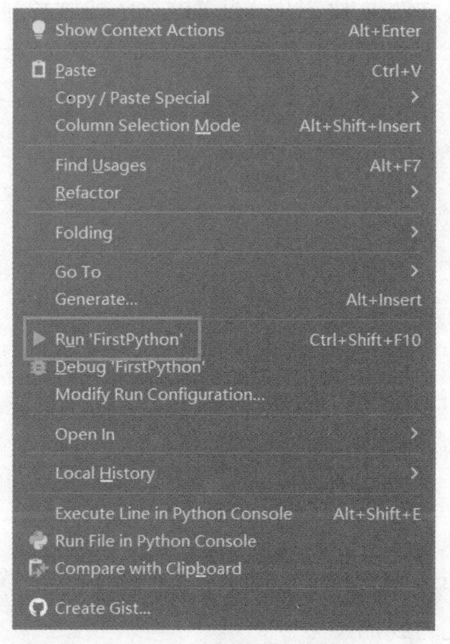

图 1-37　代码操作菜单

第八步：单击“Run 'FirstPython'”，即可运行 FirstPython.py 文件中包含的代码，如图 1-38 所示。

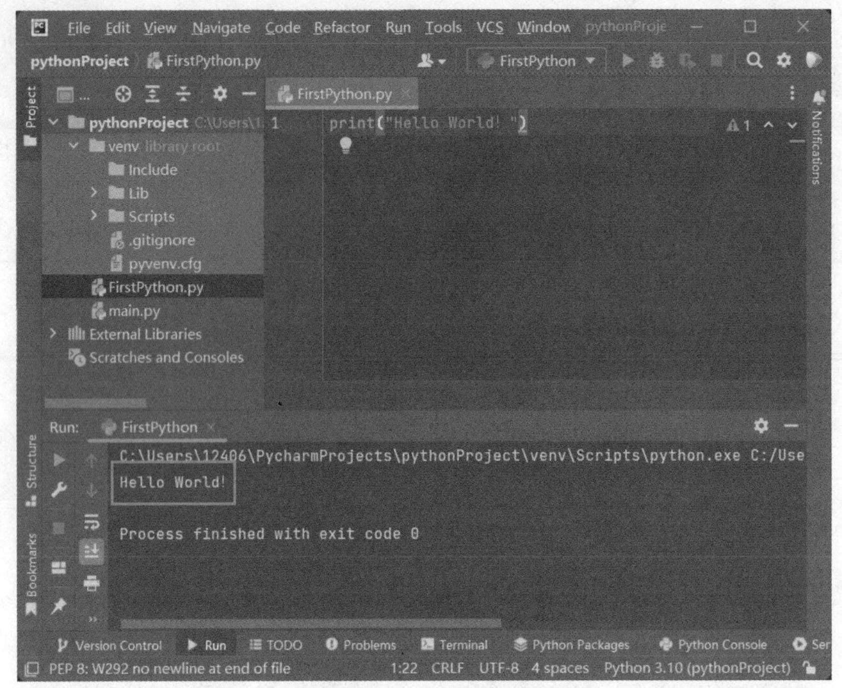

图 1-38 代码运行

项目小结

本项目通过对数据采集与预处理相关知识的讲解，帮助读者对数据来源、数据采集工具以及数据预处理方式有了初步了解，同时，也对 PyCharm 的安装和使用有所了解并掌握，并使读者能够通过所学知识使用 PyCharm。

课后习题

1. 选择题

（1）根据数据结构的不同，可将数据类型分为（　　）种。

A. 1　　B. 2　　C. 3　　D. 4

（2）下列不属于网络爬虫的是（　　）。

A. 聚焦网络爬虫　　B. 深层页面爬虫　　C. 增程式网络爬虫　　D. 通用网络爬虫

（3）以下不属于数据采集常用方法的是（　　）。

A. 日志数据采集　　B. 网络爬虫采集　　C. 商业工具采集　　D. 设备数据采集

（4）以下不属于数据规约方式的是（　　）。

A. 类型规约　　B. 维数规约　　C. 数量规约　　D. 数据压缩

（5）PyCharm 有（　　）个版本。

A. 1　　B. 2　　C. 3　　D. 4

2. 判断题

（1）大数据最早由维克托和肯尼斯提出，被称为巨量资料，是一种海量的、飞速增长的、多样化的信息资产。(　　)

（2）由于数据规模的不断扩大以及数据缺少、重复、错误等问题的出现，往往需要将整个流程约 70%的时间花费在数据处理上。(　　)

（3）JS 埋点采集日志通过在页面外植入 JS 代码实现日志数据的采集。(　　)

（4）数据清洗是发现并纠正数据中可识别错误的一种方式。(　　)

（5）社区版的 PyCharm 需要付费使用。(　　)

3. 简答题

（1）简述网络爬虫的基本流程。

（2）简述 PyCharm 的优势。

自我评价

通过学习本任务，查看自己是否掌握以下技能，并在表 1-10 中标出已掌握的技能。

表 1-10　技能检测表

评价标准	个人评价	小组评价	教师评价
具备了解数据采集与预处理的能力			
具备安装和使用 PyCharm 的能力			

备注：A. 具备　B. 基本具备　C. 部分具备　D. 不具备

项目2 动态网页数据采集

02

项目导言

微课 2-1 项目导言及学习目标

在实际的开发过程中，开发人员所需数据是多种多样的，虽然在网络上有许多开源的数据集，但这些数据集不一定满足项目需求，因此需要设法获取项目需要的数据集。数据采集是数据分析必不可少的一环，这个时候掌握数据采集的方法就显得尤为重要，本项目将使用 Python 相关的 HTTP 请求库完成网页数据的采集。

思维导图

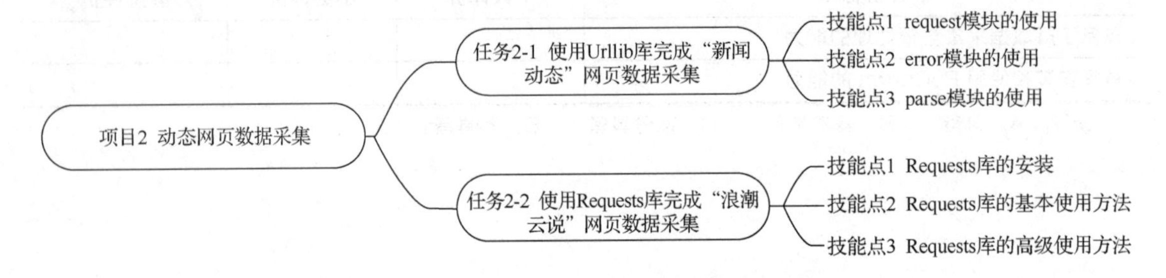

知识目标

- 了解动态网页数据的采集方法。
- 了解 Urllib 库的相关知识。
- 了解 Requests 库的相关知识。

技能目标

- 具备 Urllib 库相关模块的使用能力。
- 具备安装 Requests 库的能力。
- 具备使用 Requests 库完成网页数据采集的能力。
- 具备网页数据采集的能力。

素养目标

➢ 通过理解、应用 Urllib 库和 Requests 库，加强对 Python 编程的理解，培养抽象思维和逻辑思维。

➢ 根据实际情况比较 Urllib 库和 Requests 库的使用场景，提升判断力和决策力。

任务 2-1 使用 Urllib 库完成“新闻动态”网页数据采集

任务描述

本任务主要通过对 Python 集成的 Urllib 库实现网络爬虫程序的编写。在任务实现过程中，将简单讲解 Urllib 库的相关概念，并在任务实施中演示 Urllib 库相关模块的使用方法。

素质拓展

在软件开发领域，团结合作的最佳途径之一就是开源。Python 包含众多开源开发者贡献的各种开发包，包括 Urllib 库、Requests 库、Scrapy 框架等。“软件开源运动”的发展，极大地提高了整个行业中工作人员的工作效率，促进了软件开发行业的进步。正所谓“人人为我，我为人人”，作为软件工作者，应该具备宽广的胸怀，乐于奉献，团结和服务于人民，决不能闭门造车。

任务技能

在 Python 中，Urllib 库是一个用于进行 HTTP 请求的官方标准库，被集成在 Python 中，不需要再次下载。在不同版本的 Python 中，Urllib 库也有所不同。在 Python 2 中，Urllib 库分为 urllib、urllib2、urlparse、robotparse 等子模块；在 Python 3 中，这些子模块进行了重组。Urllib 库包含了 URL 内容爬取、HTTP 请求发送、文件读取等多个与操作 URL 相关的模块，常用模块有 request 模块、error 模块和 parse 模块。

技能点 1 request 模块的使用

微课 2-2 request 模块的使用

在 Urllib 库中，request 模块用于实现 HTTP 请求，能够完成页面爬取、Cookie 设置等工作。目前，request 模块包含多个 HTTP 方法，如表 2-1 所示。

表 2-1 request 模块包含的 HTTP 方法

方法	描述
urlopen()	页面获取
Request()	设置请求的相关参数
urlretrieve()	文件下载

（1）urlopen()

urlopen()方法是 request 模块中不可或缺的一种方法，主要用于实现页面获取。urlopen()方法通过指定 URL 即可向页面发送请求，并以 HTTPResponse 类型的对象作为响应将页面内容返回。urlopen()方法的语法格式如下所示。

```
from urllib import request
request.urlopen(url,data,timeout)
```

urlopen()方法的参数说明如表 2-2 所示。

表 2-2　urlopen()方法参数说明

参数	描述
url	指定目标网站的 URL
data	访问页面时携带的数据
timeout	用来指定请求的等待时间，若超过指定时间还没获得响应，则抛出一个异常

另外，request 模块为了方便获取 HTTPResponse 对象包含的内容，如数据、状态码等，提供了多种操作 HTTPResponse 对象的方法，如表 2-3 所示。

表 2-3　操作 HTTPResponse 对象的方法

方法	描述
read()	读取数据
readline()	按行读取数据
readlines()	读取数据，并以行列表形式返回
getcode()	获取状态码
geturl()	获取 URL 路径
decode()	数据解码
getheaders()	获取 HTTP 请求头信息，当接收属性后，会返回请求头信息中与属性对应的值

操作 HTTPResponse 对象的方法的语法格式如下所示。

```
from urllib import request
HTTPResponse=request.urlopen(url,data,timeout)
HTTPResponse.read()
```

（2）Request()

在使用 urlopen()方法对页面进行访问时，并不能对请求方式、请求头信息等请求参数进行设置。为了提高 urlopen()方法的全面性，request 模块提供了一个 Request()方法，它能够通过请求参数创建 Request 对象，并将该对象作为 urlopen()方法的参数完成页面请求。Request()方法的语法格式如下所示。

```
from urllib import request
request=request.Request(url,data,headers,origin_req_host,unverifiable,method)
```

Request()方法的参数说明如表 2-4 所示。

表 2-4　Request()方法参数说明

参数	描述
url	指定目标网站的 URL
data	访问页面时携带的数据
headers	请求头
origin_req_host	请求方的 host 名称或者 IP 地址
unverifiable	请求方的请求无法验证
method	设置请求方式

其中，headers 参数能够使用的属性如表 2-5 所示。

表 2-5　headers 参数的属性

属性	描述
User-Agent	操作系统和浏览器的名称和版本
Accept	浏览器端可以接受的媒体类型
Accept-Encoding	编码方法
Accept-Language	支持语言

method 参数能够使用的属性如表 2-6 所示。

表 2-6　method 参数的属性

属性	描述
GET	获取
POST	提交
HEAD	获取请求头信息
PUT	提交信息，原信息被覆盖
DELETE	提交删除请求

（3）urlretrieve()

通过 urlopen()方法，只能获取页面中的文本信息，当面对图片文件、音/视频文件、文本文件等时，request 模块提供了一个 urlretrieve()方法，能够实现文件的下载操作。urlretrieve()方法的语法格式如下所示。

```
from urllib import request
request.urlretrieve(url,filename,reporthook,data)
```

urlretrieve()方法的参数说明如表 2-7 所示。

表 2-7　urlretrieve ()方法参数说明

参数	描述
url	文件路径
filename	文件名称
reporthook	访问文件的超时时间，单位为 s
data	访问文件时携带的数据

微课 2-3　error 模块及 parse 模块的使用

技能点 2　error 模块的使用

为了避免发送请求时出现访问不到服务器、访问被禁止等错误，Urllib 库提供了一个用于定义异常的 error 模块。目前，error 模块包含两个常用方法，如表 2-8 所示。

表 2-8　error 模块常用方法

方法	描述
URLError	网站地址异常
HTTPError	HTTP 错误异常

（1）URLError

在 error 模块中，URLError 提供了多个与 URL 相关的异常，如 URL 错误、网络错误等，并且在触发异常后，可通过“reason”属性查看出现异常的原因。URLError 的语法格式如下所示。

```
from urllib import error
try:
    ......
except error.URLError as e:
    e.reason
    ......
```

（2）HTTPError

HTTPError 属于 URLError 的子类，被包含在 URLError 中，通常用于对响应状态错误进行分析，如状态码错误、响应头错误等。在使用方面，HTTPError 与 URLError 基本相同，不同之处在于 HTTPError 除了具有“reason”属性外，还具有一些其他属性，如表 2-9 所示。

表 2-9　HTTPError 的其他属性

属性	描述
code	状态码
reason	错误原因
headers	响应头

HTTPError 的语法格式如下所示。

```
from urllib import error
try:
    ......
except error.HTTPError as e:
    e.reason
    e.code
    e.headers
    ......
else:
    ......
```

技能点 3　parse 模块的使用

在 Urllib 库中，parse 模块主要用于对指定的 URL 进行操作，如解析 URL、合并 URL 等。parse 模块常用方法如表 2-10 所示。

表 2-10　parse 模块常用方法

方法	描述
urlparse()	URL 的解析
urljoin()	URL 的拼接
quote()	编码
unquote()	解码

（1）urlparse()

urlparse()方法用于将接收的 URL 解析成协议、域名、路径、参数、查询条件以及锚点 6 个部分，并以元组的格式返回。urlparse()方法接收 3 个参数，如表 2-11 所示。

表 2-11　urlparse()方法参数

参数	描述
url	指定目标网站的 URL
scheme	默认协议
allow_fragments	是否忽略锚点

urlparse()方法的语法格式如下所示。

```
from urllib import parse
parse.urlparse(urlstring,scheme='',allow_fragments=True)
```

在 urlparse()方法解析完成后，其返回结果包含的字段如表 2-12 所示。

表 2-12 urlparse()方法返回结果包含的字段

字段	描述
scheme	协议
netloc	域名
path	路径
params	URL 额外参数，以字典或字节序列形式作为参数增加到 URL 中
query	查询条件
fragment	锚点

（2）urljoin()

urljoin()方法用于 URL 的连接，在使用时会接收两个路径参数，之后会连接两个 URL。连接时会使用第一个参数补齐第二个参数的缺失部分，当两个参数均为完整路径时，则以第二个参数为主。urljoin()方法的语法格式如下所示。

```
from urllib import parse
parse.urljoin(url1,url2)
```

（3）quote()、unquote()

quote()和 unquote()方法是一对功能相对的方法，其中，quote()方法用于对 URL 中包含的中文进行编码操作，而 unquote()方法则用于对 quote()方法编码后的内容进行解码操作。这两个方法的语法格式如下所示。

```
from urllib import parse
parse.quote(url)
parse.unquote(url)
```

任务实施

通过前文的学习，读者已经掌握了 Urllib 库中相关模块的使用方法，下面本任务将通过以下几个步骤来完成“新闻动态”网页的数据采集。

微课 2-4 任务实施

第一步：打开浏览器并访问 https://***.inspur.com/news-update/，进入“新闻动态”页面，页面内容如图 2-1 所示。

第二步：打开代码查看工具，定位到新闻信息区域并展开，分析页面结构，如图 2-2 所示。

图 2-1　页面内容

```
▼<div class="news-list">
  ▼<div class="news-list-item"> flex
    ▼<div class="news-list-item-left">
      ▼<a href="/news-update/5343.html" rel="nofollow">
          <img src="/images/2022/07/41601cv0pc35/41601cv0pc35_o.jpg" alt="拓边沉
          云 勇立潮头丨浪潮"云行·边缘云"系列产品重磅升级">
        </a>
        ::after
      </div>
    ▼<div class="news-list-item-right">
      ▼<div class="item-right-top">
        ▼<a href="/news-update/5343.html"> flex
            <span class="news-list-item-title">拓边沉云 勇立潮头丨浪潮"云行·边缘
            云"系列产品重磅升级</span>
            <span class="date">2022/07/23 </span>
          </a>
        </div>
      ▼<div class="item-right-bottom">
        ▼<p>
            " 7月23日，浪潮"云行·边缘云"系列产品在第五届数字中国建设峰会重磅升级，
            进一步深化"云网边端"一体化的分布式云产品战略布局。 "
          </p>
        </div>
      </div>
    </div>
  ▶<div class="news-list-item">…</div> flex
  ▶<div class="news-list-item">…</div> flex
  ▶<div class="news-list-item">…</div> flex
  ▶<div class="news-list-item">…</div> flex
  ▶<div class="news-list-item">…</div> flex
  ▶<div class="news-list-item">…</div> flex
```

图 2-2　查看并分析页面结构

第三步：打开 PyCharm，创建 NewsInformation.py 文件，导入项目所需的相关模块。代码如下所示。

```
from urllib import request
from urllib import error
```

第四步：通过 Request()方法设置请求头，之后，通过 urlopen()方法爬取页面内容。代码如下所示。

```
header = {
    "User-Agent": "Mozilla/5.0 (Windows NT 10.0; Win64; x64) AppleWebKit/537.36 (KHTML, like Gecko) Chrome/90.0.4430.93 Safari/537.36"}
# 爬取设置
url = request.Request("https://***.inspur.com/news-update/", headers=header)
# 提交请求
reponse = request.urlopen(url)
print(reponse)
```

执行上述代码，运行结果如图 2-3 所示。

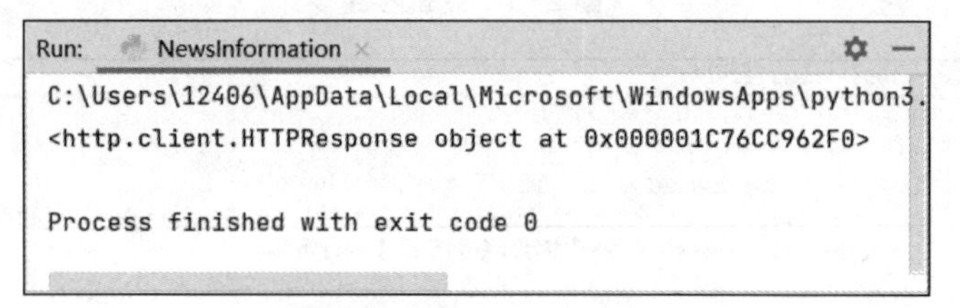

图 2-3 爬取的页面内容

第五步：通过 read()方法读取 Response 对象中包含的页面内容。代码如下所示。

```
# 读取页面内容
html=reponse.read().decode("utf-8")
print(html)
```

执行上述代码，运行结果如图 2-4 所示。

第六步：添加异常处理代码，通过 error 模块的 URLError 定义网络地址异常，最后将代码封装到 getHTML()函数中。代码如下所示。

```
from urllib import request
from urllib import error
def getHTML(url):
    try:
```

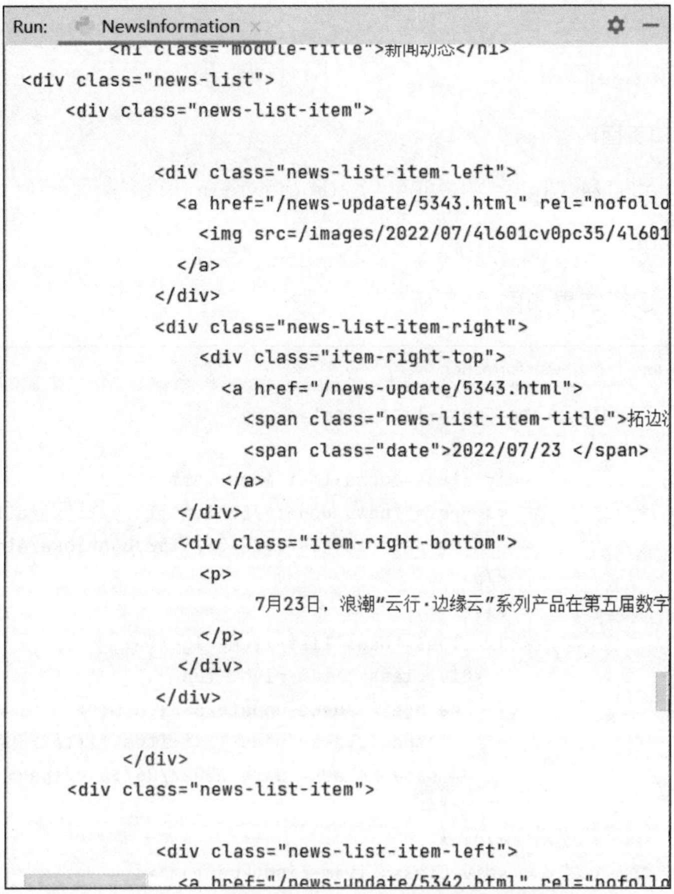

```
Run:    NewsInformation
        <h1 class="module-title">新闻动态</h1>
 <div class="news-list">
     <div class="news-list-item">

             <div class="news-list-item-left">
               <a href="/news-update/5343.html" rel="nofollo
                 <img src=/images/2022/07/4l601cv0pc35/4l601
               </a>
             </div>
             <div class="news-list-item-right">
                 <div class="item-right-top">
                   <a href="/news-update/5343.html">
                     <span class="news-list-item-title">拓边
                     <span class="date">2022/07/23 </span>
                   </a>
               </div>
               <div class="item-right-bottom">
                 <p>
                      7月23日，浪潮“云行·边缘云”系列产品在第五届数字
                 </p>
               </div>
             </div>

          </div>
     <div class="news-list-item">

             <div class="news-list-item-left">
               <a href="/news-update/5342.html" rel="nofollo
```

图 2-4　读取 Response 对象中的页面内容

```
        header = {"User-Agent": "Mozilla/5.0 (Windows NT 10.0; Win64; x64)
AppleWebKit/537.36 (KHTML, like Gecko) Chrome/90.0.4430.93 Safari/537.36"}
        # 爬取设置
        htmlurl = request.Request(url, headers=header)
        # 提交请求
        reponse = request.urlopen(htmlurl)
        # 读取页面内容
        html = reponse.read().decode("utf-8")
    #URL 异常处理
    except error.URLError as e:
        # 读取错误原因
        print (e.reason)
    # 返回页面内容
```

```
    return (html)
if __name__=='__main__':
    # 获取并打印页面内容
    htmlpage=getHTML("https://***.inspur.com/news-update/")
    print(htmlpage)
```

执行上述代码，运行结果如图 2-5 所示。

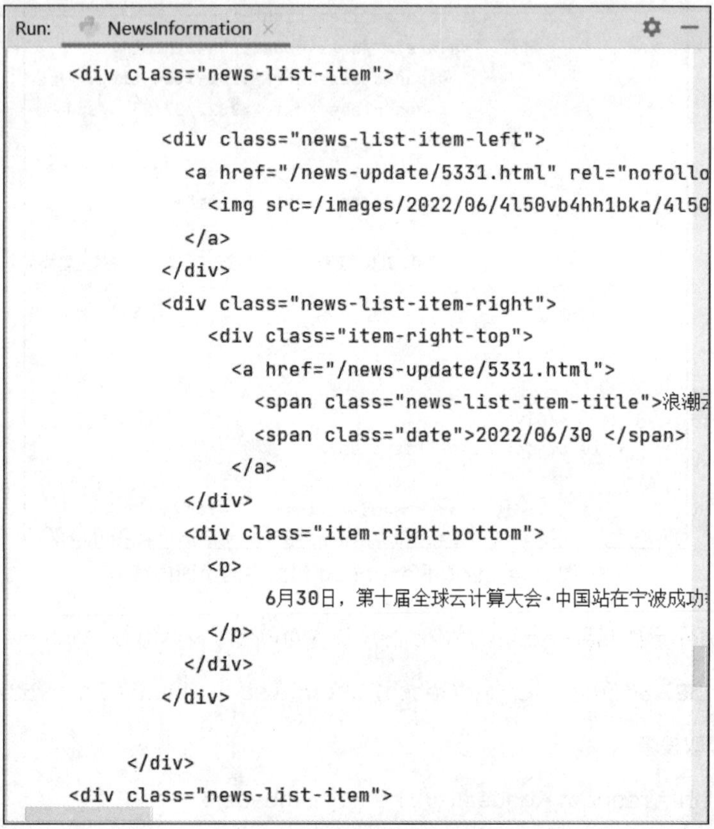

```
Run:    NewsInformation ×
    <div class="news-list-item">

            <div class="news-list-item-left">
              <a href="/news-update/5331.html" rel="nofollo
                <img src=/images/2022/06/4l50vb4hh1bka/4l50
              </a>
            </div>
            <div class="news-list-item-right">
                <div class="item-right-top">
                  <a href="/news-update/5331.html">
                    <span class="news-list-item-title">浪潮云
                    <span class="date">2022/06/30 </span>
                  </a>
              </div>
              <div class="item-right-bottom">
                <p>
                     6月30日，第十届全球云计算大会·中国站在宁波成功
                </p>
              </div>
            </div>

         </div>
    <div class="news-list-item">
```

图 2-5　获取页面内容

任务 2-2　使用 Requests 库完成“浪潮云说”网页数据采集

任务描述

网络请求是使用客户端和服务器进行数据交换的一种手段，通过网络请求可以从服务器获取客户端需要的数据，而客户端可以在收到请求后将数据返回。本任务主要通过 Requests 库相关知识模拟浏览器发送请求实现数据的采集。在任务实现过程中，将简单讲解 Requests 库的相关概念，并在任务实施中演示 Requests 库相关方法的使用。

素质拓展

在数据的采集阶段，网络爬虫是一种按照一定标准编写的程序脚本，可自动请求互联网网站并读取网络数据（仅用于发布）。但是，如果网络爬虫使用不当，则会有违法犯罪的风险。例如，不遵守爬虫协议、以敏感的技术手段获取某些信息内容以及用于商业活动来牟取利益，从而损害他人权益，违反法律法规。

任务技能

技能点 1　Requests 库的安装

微课 2-5
Requests 库简介及安装

Python 除了 Urllib 库外，Requests 库同样可用于数据的采集。Requests 库是一个使用 Python 编写的 HTTP 库，基于 Urllib 库建立，为解决 Urllib 库存在的安全缺陷以及代码冗余等问题而被推出。Requests 库方便、快捷，可以大大减少工作量，满足开发的需求。

Requests 库的安装与 Python 其他第三方库的安装基本相同，主要有 pip 安装、wheel 安装和源代码安装等方式。本书选用 wheel 方式进行安装，步骤如下所示。

第一步：打开浏览器并访问 Requests 库的 wheel 文件下载页面，如图 2-6 所示。

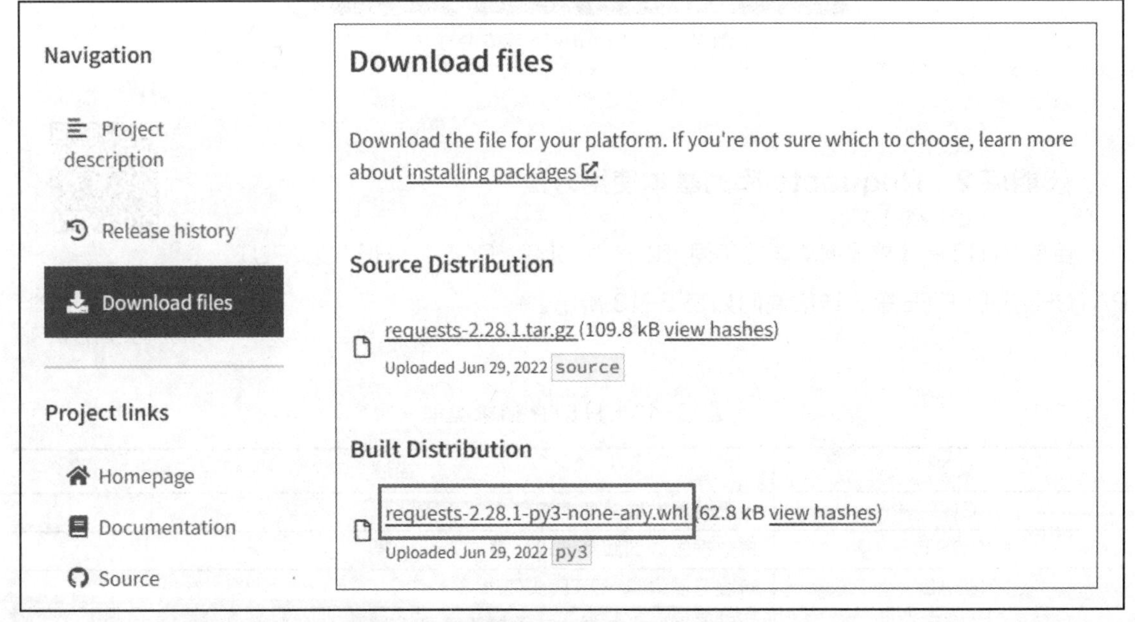

图 2-6　Requests 库的 wheel 文件下载页面

第二步：单击指定的文件进行 wheel 文件的下载。

第三步：在命令提示符窗口输入“pip install+wheel 文件路径”并执行即可实现 Requests 库的安装，如图 2-7 所示。

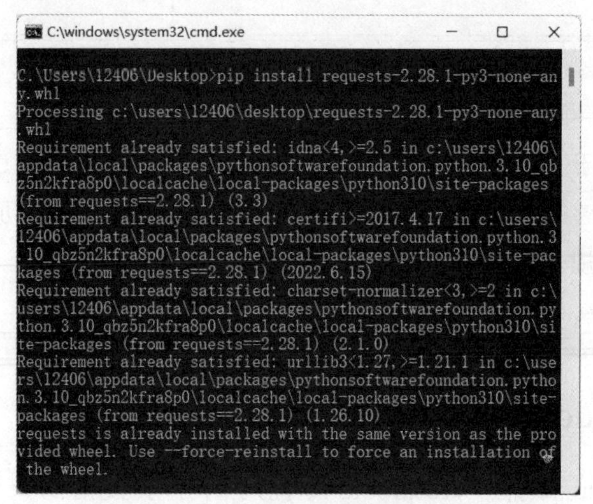

图 2-7 Requests 库的安装

第四步：进入 Python 交互式命令行，输入“import requests”并执行，如果未出现错误，说明 Requests 库安装成功，如图 2-8 所示。

图 2-8 Requests 库安装成功

微课 2-6
Requests 库的基本使用方法 1

技能点 2 Requests 库的基本使用方法

目前，HTTP 请求根据功能的不同可以分为 GET、POST、HEAD、PUT、PATCH、DELETE 等，详细说明如表 2-13 所示。

表 2-13 HTTP 请求类型

类型	描述
GET	向服务器发送获取信息请求
POST	将数据发送到服务器以创建或更新资源
HEAD	向服务器请求 HTTP 头信息
PUT	向服务器发送数据，从而更新信息
PATCH	对已知资源进行局部更新
DELETE	向服务器发送删除资源请求

Requests 库根据 HTTP 请求提供与之相对应的多种用于操作 URL 的方法，如数据请求、信息提交等，对应方法如表 2-14 所示。

表 2-14　Requests 库操作 URL 的方法

方法	描述
get()	获取 HTML 网页
post()	向 HTML 网页提交 POST 请求
head()	获取 HTML 网页头信息
put()	向 HTML 网页提交 PUT 请求
patch()	向 HTML 网页提交局部修改请求
delete()	向 HTML 页面提交删除请求

（1）get()

在 Requests 库中，get()方法主要用于发送请求以获取网页。该方法通过网页的 URL 即可向该网页发送请求，之后，服务器会返回网页内容。get 方法的语法格式如下所示。

```
import requests
requests.get(url, params=None, **kwargs)
```

get()方法的参数说明如表 2-15 所示。

表 2-15　get()方法的参数说明

参数	描述
url	指定目标网站的 URL
params	URL 额外参数，以字典或字节序列形式作为参数增加到 URL 中
**kwargs	控制访问的参数

其中，**kwargs 是一个可变的参数类型，在传实参时，以关键字参数的形式传入，Python 会自动解析成字典的形式。其包含参数如表 2-16 所示。

表 2-16　**kwargs 包含的参数

参数	描述
data	字典、字节序列或文件对象，作为 Request 的内容
json	JSON 格式的数据，作为 Request 的内容
headers	字典，HTTP 定制头
cookie	字典或 CookieJar，作为 Request 中的 Cookie
auth	元组，支持 HTTP 认证功能
files	字典类型，作为传输文件
timeout	超时时间，单位为 s
proxies	字典类型，设定访问代理服务器，可以增加登录认证
allow_redirects	重定向开关
stream	获取内容立即下载开关
verity	认证 SSL 证书开关
cert	本地 SSL 证书路径

需要注意的是，在 Requests 库中，**kwargs 包含的参数总数为 13 个，除了表 2-16 中的 12 个外，还有 get()方法中的 params 参数，并且参数的功能是相同的。

在完成请求操作后，响应内容将会以 Response 对象的形式返回，用户可通过 Response 对象提供的属性获取指定的信息。Response 对象包含的属性如表 2-17 所示。

表 2-17 Response 对象包含的属性

属性	描述
status_code	状态码
text	字符串形式的页面内容
content	二进制形式的页面内容
encoding	从 HTTP header 中猜测的响应内容编码方式
apparent_encoding	从内容中分析出的响应内容编码方式
cookies	请求响应的 Cookie
url	URL
headers	请求头

Response 对象的语法格式如下所示。

```
import requests
Response=requests.get(url, params=None, **kwargs)
Response.属性
```

其中，status_code 属性是最常用的属性之一，通常可通过该属性查看状态码以判断请求是否成功。常用的状态码如表 2-18 所示。

表 2-18 常用的状态码

状态码	描述
200	请求成功
301	请求的文档在其他地方，新的 URL 在 Location 头中给出，浏览器应该自动访问新的 URL
400	请求有语法错误，不能被服务器理解
401	请求未经授权
403	服务器收到请求，但是拒绝提供服务
404	请求资源不存在
500	服务器发生不可预期的错误
503	服务器当前不能处理客户端的请求，一段时间后可能恢复正常

（2）post()

post()方法主要用于进行 POST 请求，可以向指定路径发送指定数据。目前，有两种格式的数据类型，一种是 JSON 格式，另一种是字典类型。post()方法的语法格式如下所示。

微课 2-7
Requests 库的
基本使用方法 2

```
import requests
requests.post(url,data=None,json=None,**kwargs)
```

post()方法的参数说明如表 2-19 所示。

表 2-19　post()方法的参数说明

参数	描述
url	网站的 URL
data	字典、字节序列或文件对象，作为 Request 的内容
json	JSON 格式的数据，作为 Request 的内容
**kwargs	控制访问的参数

其中，**kwargs 参数个数为 11 个（除 data 和 json 两个参数之外）。

（3）head()

head()方法主要用于通过指定地址实现访问资源响应的头部信息的获取，相对于 get()方法，head()方法只包含 url 和**kwargs 两个参数。其语法格式如下所示。

```
import requests
requests.head(url,**kwargs)
```

其中，**kwargs 参数个数为 13 个。

（4）put()

在 Requests 库中，put()方法与 post()方法基本相同，可以将数据提交到指定的地址。其中，post()方法只能提交数据给服务器，而 put()方法在提交数据后会将原有的数据覆盖。其语法格式如下所示。

```
import requests
requests.put(url,data=None,**kwargs)
```

其中，**kwargs 参数个数为 12 个（除 data 参数之外）。

（5）patch()

相对于 put()方法，patch()方法同样用于提交数据并覆盖原有数据，不同之处在于 put()方法提交信息的方式是截断的。而 patch()方法则用于局部更新数据，如修改某个属性的值。其语法格式如下所示。

```
import requests
requests.patch(url,data=None,**kwargs)
```

（6）delete()

在 Requests 库中，delete()方法主要用于请求服务器实现链接地址存储资源的删除。其语法格式如下所示。

```
import requests
requests.delete(url,**kwargs)
```

其中，**kwargs 参数个数为 13 个。

除了上述几种 HTTP 请求方法外，Requests 库还提供了一个综合性的方法 request()，其可以通过参数的设置完成 HTTP 请求的选择，是获取网页信息、提交数据等操作的基石。request()方法的语法格式如下所示。

```
import requests
requests.request(method,url,**kwargs)
```

其中，method 用于设置 HTTP 请求方式，method 包含的参数值如表 2-20 所示。

表 2-20　method 包含的参数值

参数值	描述
GET	获取 HTML 网页
POST	向 HTML 网页提交 POST 请求
HEAD	获取 HTML 网页头信息
PUT	向 HTML 网页提交 PUT 请求
PATCH	向 HTML 网页提交局部修改请求
DELETE	向 HTML 页面提交删除请求

技能点 3　Requests 库的高级使用方法

微课 2-8 Requests 库的高级使用方法

Requests 库除了一些请求方式的简单应用，还有许多高级的用法，如会话对象、文件上传、超时设置、异常处理、证书认证、代理设置等。

（1）会话对象

会话对象能够跨请求保持某些参数，也可以在同一个 Session 实例发出的所有请求之间保持 Cookie。除此之外，它还可以用来提升网络性能，当向同一主机发送多个请求时，底层的传输控制协议（Transmission Control Protocol，TCP）连接将会被重用，从而带来显著的性能提升。其语法格式如下所示。

```
import requests
session = requests.Session()
session.get()
```

（2）文件上传

在使用 post()方法提交数据时，不仅可以提交文本数据，还可以通过 files 参数的设置提交文件数据，以实现文件的上传操作。其语法格式如下所示。

```
import requests
# 获取文件
files = {'file':open('文件地址','打开方式')}
# 文件上传
requests.post(url, files=files)
```

（3）超时设置

在发送请求时，当主机网络状况不好或者服务器网络响应太慢，甚至是无响应时，需要等待很长时间直到获取响应，这时可以设置超时时间，当超过了设置的时间，请求还没有响应，就会抛出异常。在 Requests 库中，可通过 timeout 参数设置超时时间，单位为秒。其语法格式如下所示。

```
import requests
requests.get(url, timeout=0.1)
```

需要注意的是，当 timeout 参数值为 None 时，则表示永久等待响应返回。

（4）异常处理

在使用 Requests 库发送 HTTP 请求时，会出现访问失败而抛出异常的情况，这时为了能够快速地确定是哪种错误，可通过不同的方法进行判断。常用的异常处理方法如表 2-21 所示。

表 2-21　常用的异常处理方法

方法	描述
ConnectionError	网络连接错误异常
HTTPError	HTTP 错误异常
URLRequired	URL 缺失异常
TooManyRedirects	超过最大重定向次数，产生重定向异常
ConnectTimeout	连接远程服务器超时异常
Timeout	请求 URL 超时异常

需要注意的是，上述方法均包含在 Requests 库的 exceptions 模块中。其语法格式如下所示。

```
import requests
try:
    response = requests.get(url, timeout = 0.5)
except exceptions.Timeout:
    # 异常处理代码块
```

（5）证书认证

SSL 证书是一种数字证书，与驾驶证、身份证的电子副本类似，在使用 Requests 库时会默认对 SSL 证书进行检查，当网站没有设置 SSL 证书时，就会出现证书验证错误。证书验证错误的页面如图 2-9 所示。

图 2-9　证书验证错误的页面

Requests 库为了解决证书验证错误的问题，可通过添加 verify 参数并设置参数值将该功能关闭。其语法格式如下所示。

```
import requests
requests.get(url,verify=False)
```

需要注意的是，关闭证书验证功能后，程序不再提示错误，但会抛出警告。

（6）代理设置

大规模爬取网页数据时，频繁地请求网页会出现登录认证、验证码验证，甚至禁止当前 IP 地址访问页面等情况，这时可以通过 proxies 参数设置代理解决。其语法格式如下所示。

```
import requests
# IP 列表
proxies = {
  "http": "http://192.168.0.10:3128",
  "https": "http://192.168.0.11:3129",
}
# 通过代理使用不同的 IP 地址访问页面
requests.get(url, proxies=proxies)
```

任务实施

微课 2-9 任务实施

学习了 Requests 库的概念以及 Requests 库的相关操作后，本任务将通过以下几个步骤来完成“浪潮云说”页面数据的采集。

第一步：打开 PyCharm，创建 Cloudtheory.py 文件并导入项目所需的相关模块。代码如下所示。

```
import requests
```

第二步：在浏览器中访问“https://***.inspur.com/1635/”，打开“浪潮云说”页面，页面内容如图 2-10 所示。

浪潮云说

图 2-10 页面内容

第三步：打开代码查看工具，之后打开一个响应文件，查看请求头信息，如图 2-11 所示。

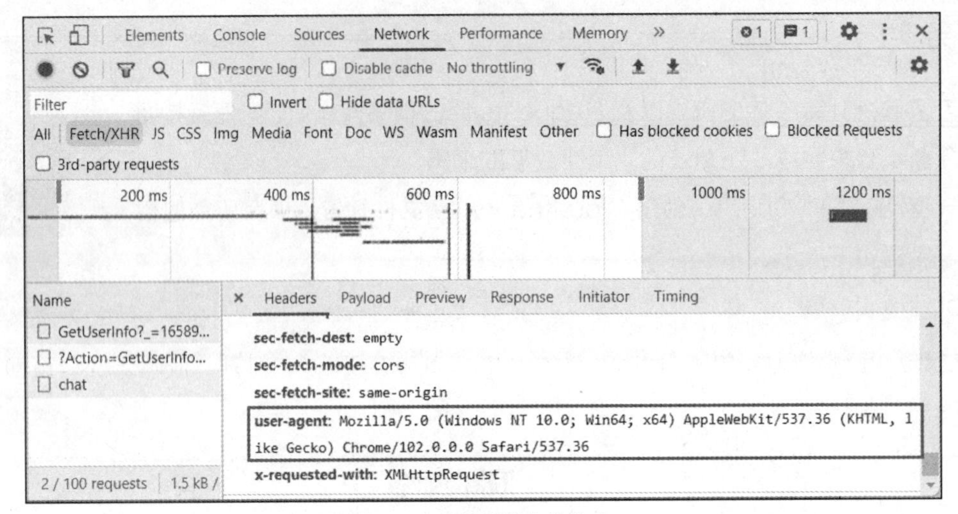

图 2-11　查看请求头信息

第四步：分析页面结构，如图 2-12 所示。

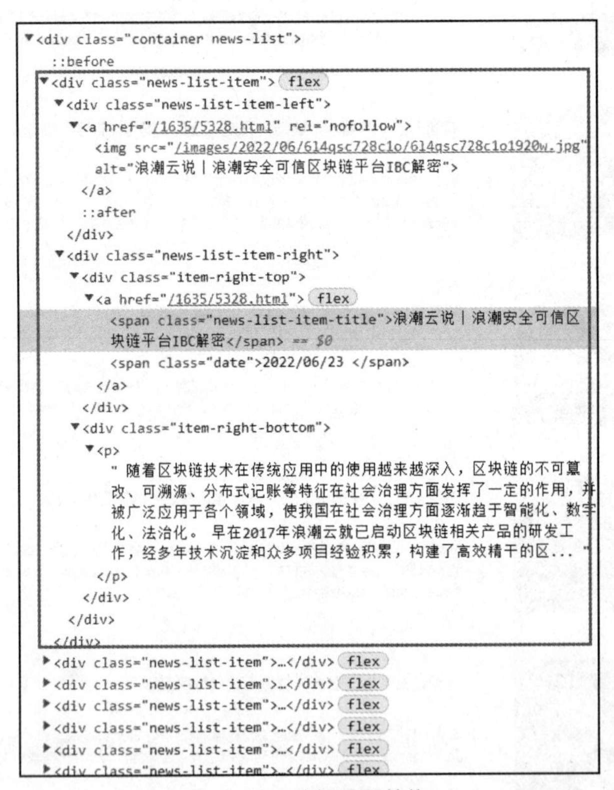

图 2-12　分析页面结构

第五步：编写代码，新建一个名为“url”的变量，使用 get()方法发送一个请求，并传入请求头。代码如下所示。

```
# “浪潮云说”页面地址
url = 'https://***.inspur.com/1635/'
```

```
# 请求头设置
header = {
    'User-Agent':'Mozilla/5.0 (Windows NT 10.0; Win64; x64) AppleWebKit/537.36 (KHTML, like Gecko) Chrome/102.0.0.0 Safari/537.36'
}
# 爬取页面
response = requests.get(url=url, headers=header)
print(response)
```

执行上述代码，运行结果如图 2-13 所示。

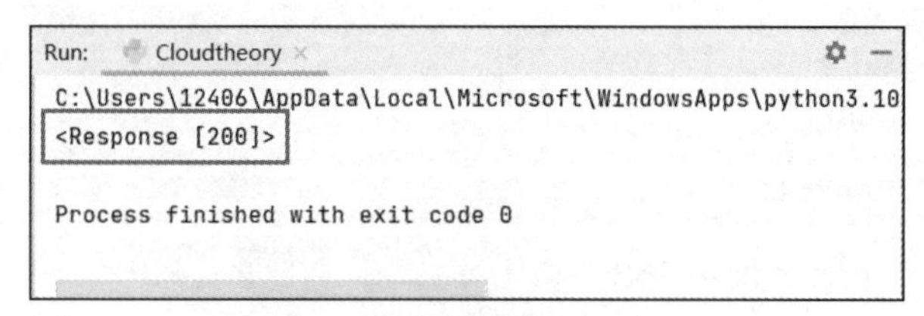

图 2-13 爬取的页面内容

第六步：通过 text 属性获取 Response 对象包含的页面内容。代码如下所示。

```
# 读取响应内容
text = response.text
print(text)
```

执行上述代码，运行结果如图 2-14 所示。

```
Run: Cloudtheory
<div class="container news-list">
    <div class="news-list-item">

            <div class="news-list-item-left">
              <a href="/1635/5328.html" rel="nofollow">
                <img src=/images/2022/06/6l4qsc728c1o/6l4qsc7
              </a>
            </div>
            <div class="news-list-item-right">
                <div class="item-right-top">
                  <a href="/1635/5328.html">
                    <span class="news-list-item-title">浪潮云说
                    <span class="date">2022/06/23 </span>
                  </a>
              </div>
              <div class="item-right-bottom">
                <p>
                    随着区块链技术在传统应用中的使用越来越深入，区块链
                </p>
              </div>
            </div>

          </div>
    <div class="news-list-item">

            <div class="news-list-item-left">
```

图 2-14 读取的响应内容

第七步：将页面内容爬取代码封装到 getHTML()函数中。代码如下所示。

```
import requests
def getHTML(url):
    header = {
        'User-Agent':'Mozilla/5.0 (Windows NT 10.0; Win64; x64) AppleWebKit/537.36
(KHTML, like Gecko) Chrome/102.0.0.0 Safari/537.36'
    }
    response = requests.get(url=url, headers=header)
    text=response.text
    return text
if __name__=='__main__':
    # "浪潮云说"页面地址
    url = 'https://***.inspur.com/1635/'
    text = getHTML(url)
    print(text)
```

项目小结

本项目通过网页数据采集的实现，使读者对 Urllib 库、Requests 库、HTTP 库等的相关概念有了初步了解，并掌握了 Requests 库的安装、Urllib 库相关模块以及 Requests 库相关方法的使用，此外，还使读者能够通过所学知识实现动态网页数据的采集。

课后习题

1．选择题

（1）Urllib 库中用于打开网络连接的是（　　）。

A．headers　　B．urlopen　　C．params　　D．url

（2）下列方法中，不属于 Urllib 库 parse 模块的是（　　）。

A．urlparse()　　B．urljoin()　　C．quote()　　D．urlretrieve()

（3）Requests 库是一个使用（　　）编写的 HTTP 库。

A．C　　B．Python　　C．Java　　D．Scala

（4）下列 HTTP 请求中，用于向服务器发送获取信息请求的是（　　）。

A．GET　　B．POST　　C．HEAD　　D．PATCH

（5）下列用于设置超时时间的参数是（　　）。

A. auth　　B. files　　C. timeout　　D. proxies

2. 判断题

（1）在不同版本的 Python 中，Urllib 库有两种。（　　）

（2）在 Urllib 库中，parse 是一个用于实现 HTTP 请求模拟的模块，能够完成页面爬取、Cookie 设置等工作。（　　）

（3）在 Urllib 库中，为了避免发送请求时出现访问不到服务器、访问被禁止等错误，Urllib 库提供了一个用于定义异常的 error 模块。（　　）

（4）Requests 库是一个使用 Python 编写的 HTTP 库，基于 Urllib 库建立，为解决 Urllib 库存在的安全缺陷以及请求延迟等问题而被推出。（　　）

（5）在使用 Requests 库时会默认对 SSL 证书进行检查，当网站没有设置 SSL 证书时，就会出现证书验证错误。（　　）

3. 简答题

（1）简述 Urllib 库相关模块的作用。

（2）列举 HTTP 请求及其作用。

自我评价

通过学习本任务，查看自己是否掌握以下技能，并在表 2-22 中标出已掌握的技能。

表 2-22　技能检测表

评价标准	个人评价	小组评价	教师评价
具备使用 Urllib 库进行网页数据采集的能力			
具备使用 Requests 库进行网页数据采集的能力			

备注：A. 具备　　B. 基本具备　　C. 部分具备　　D. 不具备

项目3
动态网页数据解析

项目导言

微课 3-1　项目导言及学习目标

一个简单的网络爬虫程序主要包含两个部分，即请求部分和解析部分。请求部分可以通过模拟浏览器发送请求并获取响应，而解析部分则通过对响应后返回的页面内容进行解析，并定位到数据所在元素来获取数据，最终实现网页数据的采集。本项目将使用 XPath 和 Beautiful Soup 库完成网页内容的解析并获取数据。

思维导图

- 项目3 动态网页数据解析
  - 任务3-1 使用XPath解析“新闻动态”网页数据
    - 技能点1 lxml库的安装与使用
    - 技能点2 定位
    - 技能点3 数据提取
  - 任务3-2 使用Beautiful Soup库解析“浪潮云说”网页数据
    - 技能点1 Beautiful Soup库的安装
    - 技能点2 Beautiful Soup库的使用

知识目标

➢ 了解 XPath 和 Beautiful Soup 库的相关概念。
➢ 熟悉 XPath 定位方法。
➢ 掌握 XPath 数据提取方法。
➢ 精通 Beautiful Soup 库的使用方法。

技能目标

➢ 具备使用 XPath 解析文档和提取数据的能力。
➢ 具备安装 Beautiful Soup 库的能力。
➢ 具备使用 Beautiful Soup 库提取页面数据的能力。
➢ 具备网页数据解析与提取的能力。

素养目标

➢ 通过学习定位和提取数据，培养严谨、细致的工作作风。

➢ 通过不同方法解析网页数据，提升灵活运用工具的能力。

任务 3-1 使用 XPath 解析“新闻动态”网页数据

任务描述

XPath 是一种查询语言，能在 XML 和 HTML 的树状结构中寻找节点，确定文档中某部分的位置，并最终将数据提取出来，进而实现网页数据的采集。本任务主要通过 XPath 实现网页内容的解析以及数据的提取。在任务实现过程中，将简单讲解 XPath 的相关概念，并在任务实施中演示使用 XPath 节点定位与数据提取的方法。

素质拓展

数据安全人人有责，需要人人参与其中。随着我国大数据技术和数字化水平的不断提升，智能手机、电脑等数据处理终端广泛渗透到了人们的生活中，改善和提高了人们的生活水平。与此同时，个人数据安全与国家数据安全也面临着更高的挑战。党的二十大报告指出，要全面加强国家安全教育，提高各级领导干部统筹发展和安全能力，增强全民国家安全意识和素养，筑牢国家安全人民防线。无论是从保障个人权益的角度出发，还是从维护国家安全的视角考量，我们每个人都要积极增强“数据安全”的意识和素养。

任务技能

技能点 1 lxml 库的安装与使用

微课 3-2 lxml 库的安装与使用

XPath（XML Path Language，XML 路径查询语言）是一种通过节点、属性遍历和定位 XML 文档中信息的路径语言。XPath 不仅可以用于 XML 文档，还可以用于 HTML 等半结构化数据文档。

XPath 功能十分强大，其通过简明的路径表达式，能够在大多数需要定位节点的场景中使用，不仅可以实现节点的定位，还可以实现字符串、数值、时间的匹配以及节点、序列的处理等。

1. lxml 库的安装

XPath 属于 Python 的第三方库 lxml 的 etree 模块，主要用于对网页内容进行解析，效率非常高。

在 Windows 操作系统中的命令提示符窗口中输入“pip install lxml”命令，执行后即可进行 lxml 库的下载和安装，但采用这种方式经常会遇到安装问题，因此，这里使用源码的方式安装 lxml

库，具体步骤如下。

第一步：打开浏览器，输入相应网址进入 lxml 库源码文件下载页面，如图 3-1 所示。

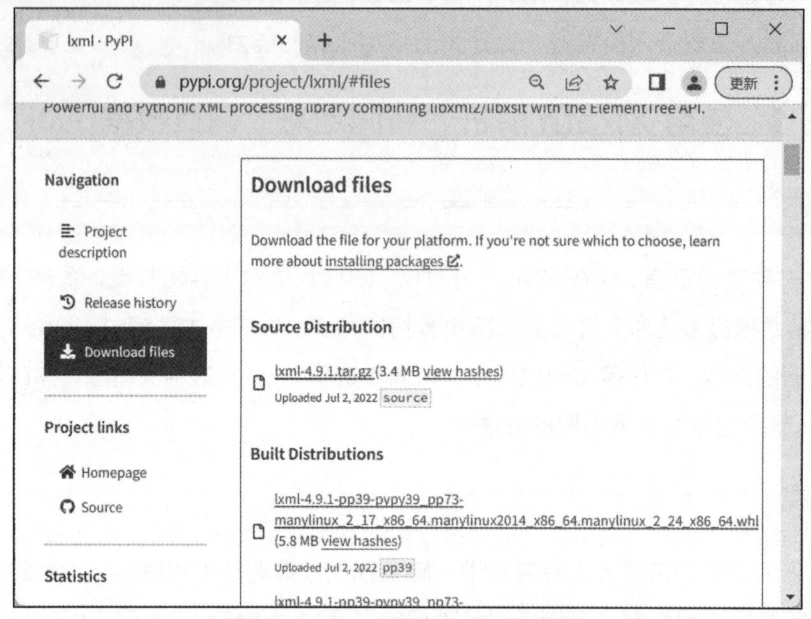

图 3-1　lxml 库源码文件下载页面

第二步：选择符合 Python 版本的 lxml 库源码文件并下载。

第三步：进入命令提示符窗口，使用 pip 命令通过 lxml 库源码文件进行 lxml 库的安装，如图 3-2 所示。

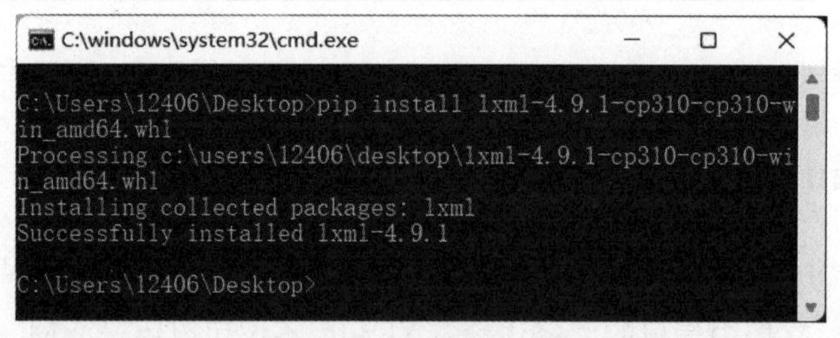

图 3-2　安装 lxml 库

第四步：打开 Python 的交互环境，输入“import lxml”并执行，验证 lxml 库是否安装成功，如果不报错，就表示安装成功，如图 3-3 所示。

图 3-3　lxml 库安装成功

2. lxml 库的使用

在 lxml 库的 etree 模块中还有多个解析 XML、HTML 等半结构化数据文档的方法。常用方法如表 3-1 所示。

表 3-1　etree 模块常用方法

方法	描述
HTML()	解析 HTML 文档
XML()	解析 XML 文档
parse()	解析文件
tostring()	将 Element 对象转化为 bytes 类型
xpath()	实现标签的定位和内容的捕获

(1) HTML()

HTML()方法用于接收字符串类型的半结构化数据的 HTML 文档内容并解析，最后将结果以 Element 对象的形式返回。HTML()方法的语法格式如下所示。

```
from lxml import etree
etree.HTML(text,parser=None,base_url=None)
```

HTML()方法的参数说明如表 3-2 所示。

表 3-2　HTML()方法的参数说明

参数	描述
text	字符串类型的 HTML 文档
parser	解析器
base_url	网站根地址，用于处理网页资源的相对路径

其中，parser 参数的可选参数值如表 3-3 所示。

表 3-3　parser 参数的可选参数值

参数值	描述
XMLParser	解析 XML 文档
XMLPullParser	利用事件流模型来解析 XML 文档
HTMLParser	解析 HTML 文档
HTMLPullParser	利用事件流模型来解析 HTML 文档

(2) XML()

XML()方法与 HTML()方法基本相同，不同之处在于 HTML()方法主要用于对 HTML 文档内容进行解析，而 XML()方法则用于解析 XML 文档。XML()方法的语法格式如下所示。

```
from lxml import etree
etree.XML(text,parser=None,base_url=None)
```

（3）parse()

XML()方法和 HTML()方法主要在数据采集之后使用，可以解析 Requests 库、Urllib 库的 request 模块发送请求后响应的 XML 或 HTML 文档的内容，而 parse()方法则用于对本地文件中包含的内容进行解析。parse()方法的语法格式如下所示。

```
from lxml import etree
etree.parse(source,parser=None,base_url=None)
```

parse()方法的参数说明如表 3-4 所示。

表 3-4　parse()方法的参数说明

参数	描述
source	文件路径，包含 XML、HTML、TXT 等格式文件
parser	解析器
base_url	网站根地址，用于处理网页资源的相对路径

（4）tostring()

tostring()方法主要作用于 Element 对象，可以将 Element 对象所包含的内容转换为 bytes 类型。tostring()方法的语法格式如下所示。

```
from lxml import etree
etree.tostring(Element,pretty_print=True,encoding="utf-8")
```

tostring()方法的参数说明如表 3-5 所示。

表 3-5　tostring()方法的参数说明

参数	描述
Element	Element 对象
pretty_print	格式化输出，值为 True 或 False
encoding	编码格式

（5）xpath()

xpath()方法即 lxml 库的主要方法，可以解析 XML 或 HTML 文档并从中提取指定内容，其同样可用于 Element 对象。在使用时，xpath()方法可以接收路径表达式提取数据，并将结果以 Element 对象列表的形式返回。xpath()方法的语法格式如下所示。

```
from lxml import etree
etree.xpath(path,namespaces=None,extensions=None,smart_strings=True)
```

xpath()方法的参数说明如表 3-6 所示。

表 3-6　xpath()方法的参数说明

参数	描述
path	路径表达式
namespaces	名称空间
extensions	扩展
smart_strings	是否开启字符串的智能匹配

技能点 2　定位

微课 3-3　定位与数据提取

在使用 xpath()方法时，路径表达式由符号和方法组成，主要用于实现 HTML 文档中的内容定位和提取。目前，路径表达式根据作用对象的不同，有节点定位和属性定位两种定位功能。

（1）节点定位

节点定位，顾名思义，就是定位 HTML 文档中的某个节点，并获取该节点包含的所有内容，如获取所有元素、获取第一个节点等。用于实现节点定位的路径表达式的常用符号和方法如表 3-7 所示。

表 3-7　用于实现节点定位的路径表达式的常用符号和方法

符号和方法	描述
/	从根节点选取
//	从匹配选取的当前节点选取文档中的节点，不考虑它们的位置
.	选取当前节点
..	选取当前节点的父节点
|	设置多个路径表达式
*	匹配任何元素节点
nodeName	选取名为 nodeName 的所有节点
nodeName[n]	选取名为 nodeName 的第 n 个节点
nodeName[last()]	选取名为 nodeName 的最后一个节点
nodeName[last()-n]	选取名为 nodeName 的倒数第 n+1 个节点
nodeName[position()<n]	选取名为 nodeName 的前 n-1 个节点
node()	匹配任何类型的节点

常用的节点定位表达式如表 3-8 所示。

表 3-8　常用的节点定位表达式

表达式	描述
//div	从根节点选取所有 div 节点
//div/p/a[2]	选取第二个 a 节点
//div/p[1] | //div/p[last()]	选取第一个以及最后一个 p 节点
//div/*	选取所有 div 节点下的任意节点

目前，节点关系可以分为父节点、子节点、兄弟节点、祖先节点、子孙节点等，在 XPath 中，包含多个可以根据节点关系进行节点定位的属性。节点关系常用属性如表 3-9 所示。

表 3-9　节点关系常用属性

属性	描述
ancestor	选取当前节点的所有先辈（如祖父等）节点
ancestor-or-self	选取当前节点的所有先辈（如祖父等）节点以及当前节点本身
self	选取当前节点
child	选取当前节点的所有子节点
descendant	选取当前节点的所有后代（如孙等）节点
descendant-or-self	选取当前节点的所有后代（如孙等）节点以及当前节点本身
parent	选取当前节点的父节点
following	选取文档中当前节点的结束标签之后的所有节点
following-sibling	选取当前节点之后的所有兄弟节点
preceding	选取文档中当前节点的开始标签之前的所有节点
preceding-sibling	选取当前节点之前的所有兄弟节点
attribute	选取当前节点的所有属性

节点定位语法格式如下所示。

```
属性::路径表达式
```

（2）属性定位

节点定位只能从根节点按照层级逐级进行定位，而属性定位可以通过节点具有的某个属性以及属性值直接定位到该节点，如获取 class 属性为指定值的节点、获取带有 href 属性的节点等。属性定位常用符号如表 3-10 所示。

表 3-10　属性定位常用符号

符号	描述
@属性	选取包含指定属性的节点
@*	选取包含任意属性的节点
@[条件表达式]	选取属性符合指定条件的节点

其中，条件表达式由属性、属性值和运算符组成。目前，XPath 中常用的运算符包含算术运算符、关系运算符、逻辑运算符等，分别如表 3-11、表 3-12 和表 3-13 所示。

表 3-11　算术运算符

运算符	描述
+	加法
-	减法
*	乘法
/	除法

表 3-12 关系运算符

运算符	描述
>	大于
<	小于
=	等于
!=	不等于
>=	大于等于
<=	小于等于

表 3-13 逻辑运算符

运算符	描述
or	或
and	与

常用的属性定位表达式如表 3-14 所示。

表 3-14 常用的属性定位表达式

表达式	描述
//a[@id='link1']	选择 id 为 link1 的 a 节点
//a[@href]"	选择包含 href 属性的 a 节点
//a[@id='link1' or @id='link2']	选择 id 为 link1 或 link2 的 a 节点
//p[price<2 or price>5]	选择包含 price 节点且节点值小于 2 或大于 5 的 p 节点

技能点 3 数据提取

在定位到指定节点后，即可获取节点包含的文本内容。目前，有属性值提取和节点包含内容提取两种方式。

（1）属性值提取

在 XPath 中，定位到节点后，只需通过“@属性”的方式即可获取该节点包含指定属性的属性值，并以列表的形式返回。其语法格式如下所示。

```
nodeName/@属性
```

例如，获取 class 为 link1 的 a 节点的 href 属性值的语法如下所示。

```
//a[@class='link1']/@href
```

（2）节点包含内容提取

相对于属性值的提取，节点包含内容的提取则通过 text()方法来实现，内容包含文本、换行符、制表符等，并且结果同样以列表的形式返回。其语法格式如下所示。

```
nodeName/text()
```

例如，获取 class 为 link1 的 a 节点包含的内容的语法如下所示。

```
//a[@class='link1']/text()
```

任务实施

微课 3-4　任务实施-新闻数据解析与提取

学习了以上内容，读者应该掌握如何使用 XPath 对网页结构进行解析。下面本任务将在“新闻动态”网页数据获取的基础上，完成数据的解析和提取。

第一步：查看网页并确认被采集的信息，包括新闻图片的链接、新闻标题、新闻简介、发布时间，如图 3-4 所示。

图 3-4 “新闻动态”网页

第二步：从 lxml 库导入 etree 模块，之后，通过 etree 模块的 HTML()方法解析由 Urllib 库获取的 HTML 文档。代码如下所示。

```
from lxml import etree
html=etree.HTML(htmlpage)
print(html)
```

执行上述代码，运行结果如图 3-5 所示。

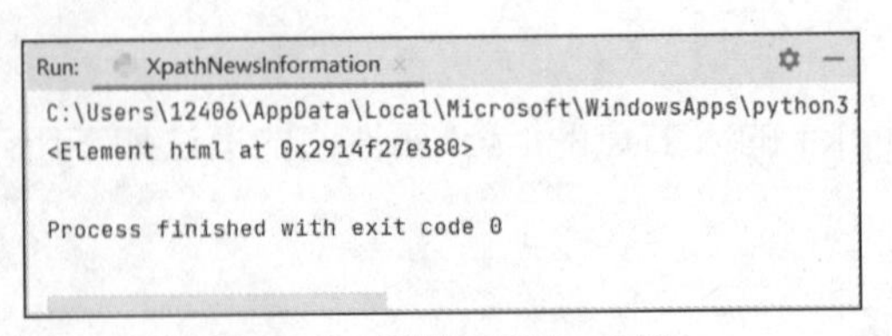

图 3-5　解析 HTML 文档

第三步：文档解析后，通过 tostring()方法将解析后返回的 Element 对象转换成 bytes 类型，验证数据是否爬取成功。代码如下所示。

```
text=etree.tostring(html)
print(text)
```

执行上述代码，运行结果如图 3-6 所示。

```
Run:    XpathNewsInformation
}\n .item-right-bottom {\n \tpadding-top:15px;\n
}\n.item-right-bottom p{\n\tfont-size:14px;
\n\tline-height:22px;\n\tcolor:rgba(64,64,64,1);\n}\n
.page{\n\tpadding-top:68px;\n\tpadding-bottom:113px;
\n\ttext-align: center;\n}\n</style>  \n<div
class="news-wrapper">\n\t<div class="news">\n\t\t<h1
class="module-title">&#26032;&#38395;&#21160;&#24577;
</h1>\n<div class="news-list">\n\t<div
class="news-list-item">\n\t\t\n\t\t\t<div
class="news-list-item-left">\n              <a
href="/news-update/5346.html"
rel="nofollow">\n\t\t\t\t<img
src="/images/2022/08/4l6a11sw61apy/4l6a11sw61apy_o
.jpg" alt="&#27982;&#21335;&#25919;&#21153;&#20113;
&#35745;&#31639;&#20013;&#24515;&#21512;&#20316;
&#20849;&#24314;&#39033;&#30446;&#31614;&#32422;
&#40644;&#27827;&#27969;&#22495;&#31639;&#21147;
&#20135;&#19994;&#32852;&#30431;&#27491;&#24335;
&#25104;&#31435;"/>\n\t\t\t  </a>\n\t\t\t</div>\t\n
```

图 3-6　爬取的网页内容

第四步：使用 xpath()方法定位每条新闻所在节点。代码如下所示。

```
NewsList=html.xpath("//div[@class='news-list']/div[@class='news-list-item']")
print(NewsList)
```

执行上述代码，运行结果如图 3-7 所示。

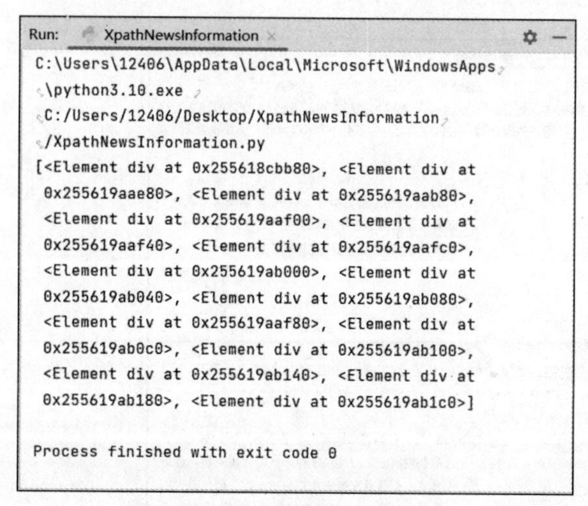

图 3-7　定位每条新闻所在节点

第五步：遍历所有新闻所在节点，之后，定位数据所在节点，并通过属性值提取或文本内容提取的方式实现新闻图片链接、新闻标题、新闻简介和发布时间的获取。代码如下所示。

```
for new in NewsList:
        # 获取新闻图片链接
        url = new.xpath("./div[@class='news-list-item-left']/a/img/@src")[0]
        imgUrl = "https://***.inspur.com"+url
        print('新闻图片链接：',imgUrl)
        # 获取新闻标题
        title= new.xpath("./div[@class='news-list-item-right']/div[@class='item-right-top']/a/
span[@class='news-list-item-title']/text()")[0]
        print('新闻标题：',title)
        # 获取新闻简介
        context= new.xpath("./div[@class='news-list-item-right']/div[@class='item-right-
bottom']/p/text()")[0]
        print('新闻简介：', context)
        # 获取发布时间
        date= new.xpath("./div[@class='news-list-item-right']/div[@class='item-right-top']
/a/span[@class='date']/text()")[0]
        print('发布时间：', date)
        print('------------------------------')
```

执行上述代码，运行结果如图 3-8 所示。

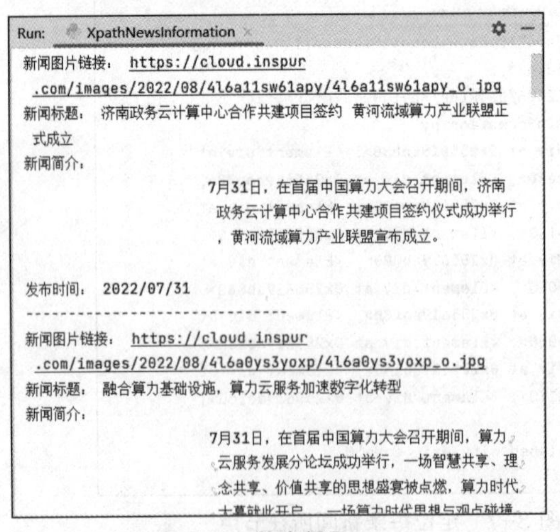

图 3-8　信息提取

微课 3-5　任务实施-分页爬取与保存

第六步：将 HTML 文档解析代码封装为函数，添加获取下一页功能，并将数据存储到本地 CSV 文件中。代码如下所示。

```
from lxml import etree
import csv
def parser(htmlpage):
    html=etree.HTML(htmlpage)
    NewsList=html.xpath("//div[@class='news-list']/div[@class='news-list-item']")
    # 创建并以追加的方式打开文件
    f=open("NewsInformation.csv","a",encoding="utf-8",newline="")
    for new in NewsList:
        # 获取新闻图片链接
        url = new.xpath("./div[@class='news-list-item-left']/a/img/@src")[0]
        imgUrl = "https://***.inspur.com"+url
        print('新闻图片链接：',imgUrl)
        # 获取新闻标题
        title= new.xpath("./div[@class='news-list-item-right']/div[@class='item-right-
top']/a/span[@class='news-list-item-title']/text()")[0]
        print('新闻标题：',title)
        # 获取新闻简介
        context= new.xpath("./div[@class='news-list-item-right']/div[@class='item-right-
bottom']/p/text()")[0]
        print('新闻简介：', context)
        # 获取发布时间
        date= new.xpath("./div[@class='news-list-item-right']/div[@class='item-right-
top']/a/span[@class='date']/text()")[0]
        print('发布时间：', date)
        print('--------------------------------')
        # 构建 CSV 写入对象
        csv_writer=csv.writer(f)
        # 数据写入
        csv_writer.writerow([imgUrl,title,context,date])
    # 关闭文件
    f.close()
```

```
        # 获取倒数第二个 li 标签
        pages=html.xpath("//div[@class='mainbody_page']/ul[@class='pagination']/li[last()-1]")[0]
        # 获取 a 标签包含文本
        NextPage=pages.xpath("./a/text()")[0]
        # 判断是否存在"»下一页"
        if NextPage=="»下一页":
            # 如果存在，则获取 a 标签中的 href 属性值
            page=pages.xpath("./a/@href")[0]
            # 组成下一页的访问路径
            url="https://***.inspur.com"+page
            # 调用 getHTML()函数访问网页并获取网页内容
            Nexthtml=getHTML(url)
            # 调用 parser()函数解析网页内容并提取数据
            parser(Nexthtml)
if __name__=='__main__':
        # 接收网页的 URL 并获取网页内容
        htmlpage = getHTML("https://***.inspur.com/news-update/")
        # 解析 HTML 文档并提取数据
        parser(htmlpage)
```

执行上述代码，运行结果分别如图 3-9、图 3-10 所示。

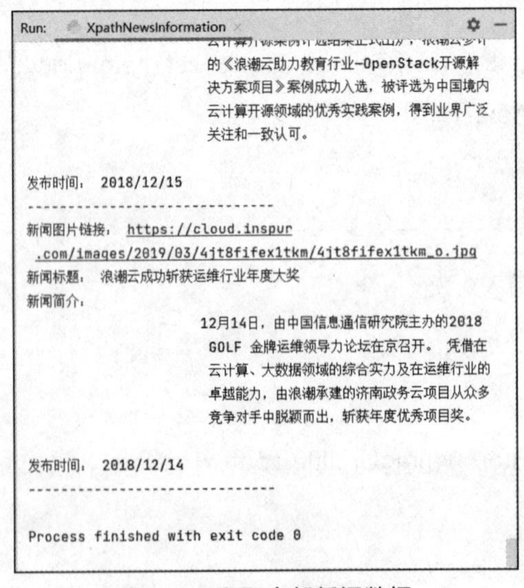

图 3-9　爬取全部新闻数据

https://clo	济南政务云计算中	7月31日，在首届中国算力大会召开期间，济南政务云计算中心合作共建项目签约仪式成功举行，黄河流域算力产业联盟宣布成立。	2022/7/31
https://clo	融合算力基础设施	7月31日，在首届中国算力大会召开期间，算力云服务发展分论坛成功举行，一场智慧共享、理念共享、价值共享的思想盛宴被点燃，算力时代大幕就此开启。 一场算力时代思想与观点碰撞盛会 随着数字经济时代的全面开启，算力作为重要“底座”支撑，赋能作用日渐凸显，成为数字经济时代新的生产力	2022/7/31

图 3-10　CSV 文件内容

任务 3-2　使用 Beautiful Soup 库解析“浪潮云说”网页数据

任务描述

Beautiful Soup 库是一个可以从 HTML 或 XML 文件中提取数据的 Python 库。它能够通过相应的转换器实现文档导航、查找和修改文档。本任务主要通过 Beautiful Soup 库实现网页的解析以及数据的提取。在任务实现过程中，将简单讲解 Beautiful Soup 库的相关概念和安装，并在任务实施中演示如何使用 Beautiful Soup 库。

素质拓展

万事万物是相互联系、相互依存的。只有用普遍联系的、全面系统的、发展变化的观点观察事物，才能把握事物发展规律。在进行网页内容的解析时，我们应该保持足够的耐心，脚踏实地，不好高骛远，一层一层地进行节点的定位，最终找到数据所在节点，并将节点中包含的内容提取出来。

任务技能

与 XPath 类似，Beautiful Soup 库同样可用于 XML 或 HTML 文档解析，并从网页中快速提取数据，它是 Python 的一个第三方解析库。有了 Beautiful Soup 库，开发人员不需要考虑网页的编码方式，只需少量代码即可完成应用程序的编写，进而实现文档的解析并爬取所需数据，省去了很多烦琐的提取步骤，提高了解析效率。

技能点 1　Beautiful Soup 库的安装

微课 3-6
Beautiful Soup
库的安装

Beautiful Soup 库的安装和其他库的安装一样，也是使用 Python 的 pip 工具。目前 Beautiful Soup 库有 4 个版本，在安装时只需在 Beautiful Soup 库后添加版本号即可安装指定版本，具体安装步骤如下。

第一步：打开命令提示符窗口，输入“pip install beautifulsoup4”命令并执行，进行 Beautiful Soup 4 的下载和安装，如图 3-11 所示。

```
C:\windows\system32\cmd.exe

C:\Users\12406\Desktop>pip install beautifulsoup4
Collecting beautifulsoup4
  Downloading beautifulsoup4-4.11.1-py3-none-any.whl (128 kB)
     ---------------- 128.2/128.2 kB 328.5 kB/s eta 0:00:00
Collecting soupsieve>1.2
  Downloading soupsieve-2.3.2.post1-py3-none-any.whl (37 kB)
Installing collected packages: soupsieve, beautifulsoup4
Successfully installed beautifulsoup4-4.11.1 soupsieve-2.3.2.post1

C:\Users\12406\Desktop>
```

图 3-11　Beautiful Soup4 的安装

第二步：由于最新的 Beautiful Soup 4 已经被移植到 BS4，因此可以使用“import bs4”命令导入 Beautiful Soup 库以验证安装是否成功，若不出现错误即可说明安装成功，如图 3-12 所示。

```
C:\windows\system32\cmd.exe - python

C:\Users\12406\Desktop>python
Python 3.10.5 (tags/v3.10.5:f377153, Jun  6 2022, 16:14:13) [MSC v.1929 64 bit (AMD64)] on win32
Type "help", "copyright", "credits" or "license" for more information.
>>> import bs4
>>>
```

图 3-12　Beautiful Soup4 安装成功

另外，Beautiful Soup 库支持 Python 标准库、HTML 解析器以及一些第三方解析器。常见的解析器如表 3-15 所示。

表 3-15　常见的解析器

解析器	优势	劣势
Python 标准库	Python 的内置标准库。 执行速度适中。 文档容错能力强	Python 2.7 或者 Python 3.2.2 前的版本文档容错能力差
lxml HTML 解析器	速度快。 文档容错能力强	需要安装 C 语言库

续表

解析器	优势	劣势
lxml XML 解析器	速度快。 唯一支持 XML 的解析器	需要安装 C 语言库
html5lib	容错性非常好。 以浏览器的方式解析文档。 生成 HTML5 格式的文档	速度慢

技能点 2　Beautiful Soup 库的使用

微课 3-7
Beautiful Soup
库的使用

与 XPath 解析器相同，Beautiful Soup 库同样不能直接用于网页内容的采集，其需要与 Urllib 库、Requests 库等结合使用。在使用 Beautiful Soup 库时，通过 BeautifulSoup()方法实现文档的解析。其语法格式如下所示。

```
import bs4
bs4.BeautifulSoup(markup, parser)
```

Beautiful Soup()方法的参数说明如表 3-16 所示。

表 3-16　BeautifulSoup()方法的参数说明

参数	描述
markup	文档
parser	解析器

其中，parser 不同的参数值对应不同的解析器，如表 3-17 所示。

表 3-17　parser 参数值

参数值	描述
html.parser	Python 标准库
lxml	lxml HTML 解析器
xml	lxml XML 解析器
html5lib	html5lib

Beautiful Soup 库在文档解析后，会将网页内容以 Beautiful Soup 对象返回，之后，只需通过 Beautiful Soup 库提供的选择器定位节点并提取数据。目前，Beautiful Soup 库的选择器有标签选择器、方法选择器，以及 CSS 选择器。

1. 标签选择器

标签选择器主要用于通过文档中包含的标签进行节点的定位。标签选择器有普通节点、子节点、子孙节点、父节点、兄弟节点等，并在定位节点后实现具体信息的获取。其语法格式如下所示。

```
import bs4
soup=bs4.BeautifulSoup(markup, parser)
soup.name.node.parameter
```

标签选择器的参数说明如表 3-18 所示。

表 3-18　标签选择器的参数说明

参数	描述
name	节点名称，通过“.”连接
node	关系节点获取属性，如兄弟节点、父节点等
parameter	数据提取属性

其中，node 参数的可用属性如表 3-19 所示。

表 3-19　node 参数的可用属性

属性	描述
contents	直接子节点
children	子孙节点
descendants	所有子孙节点
parent	节点的父节点
parents	节点的祖先节点
next_sibling	节点的下一个兄弟节点
previous_sibling	节点的上一个兄弟节点
next_siblings	节点后面的全部兄弟节点
previous_siblings	节点前面的全部兄弟节点

parameter 参数的可用属性如表 3-20 所示。

表 3-20　parameter 参数的可用属性

属性	描述
name	获取节点的名称
attrs['属性']	获取节点的所有属性
string	获取节点内容

2. 方法选择器

标签选择器只能通过标签名称逐级进行节点的定位，设置较烦琐，灵活性不好，方法选择器可以通过指定的参数设置标签以及相关属性实现节点的直接定位和节点包含内容的获取。Beautiful Soup 库常用的方法选择器的方法如表 3-21 所示。

表 3-21　Beautiful Soup 库常用的方法选择器的方法

方法选择器	描述
find()	返回第一个符合条件的节点
find_all()	返回所有符合条件的节点

在 Beautiful Soup 库中，find()和 find_all()方法可以通过节点名称和节点所包含的属性与属性值，在文档中查询符合条件的节点内容，其中，find()方法获取第一个符合条件的节点，并以 element.Tag 类型返回，而 find_all()方法则会获取所有符合条件的节点，并以列表的形式返回，列表中的每一项均为 element.Tag 类型。find()和 find_all()方法在使用时基本相同，不同之处在于 find()方法不能限制返回数据的条数。这两种方法的语法格式如下所示。

```
import bs4
soup=bs4.BeautifulSoup(markup, parser)
soup.find(name, attrs, recursive, text, **kwargs)
soup.find_all(name, attrs, recursive, text, limit, **kwargs)
```

find_all()方法的参数说明如表 3-22 所示。

表 3-22　find_all()方法的参数说明

参数	描述
name	标签名称，如 p、div、title 等。多个标签名称通过“[]”括起来，标签名称之间通过“,”连接，如“name=["a", "b"]”
attrs	标签属性及属性值。当单独使用属性时，表示获取存在属性的节点，如“attrs={'class','name'}”；当使用属性以及属性值时，表示获取属性为指定值的节点，如“attrs={'class':'title','name':'dromouse'}”
recursive	设置是否搜索节点的直接子节点，参数值为 True 或 False
text	自定义文档中字符串内容的过滤条件。不仅可以直接过滤内容，如获取节点中与 text 相同的内容，text = '指定文本内容'；还可以使用正则表达式设置过滤条件，如获取包含 Dormouse 字符串的内容，text = re.compile("Dormouse")
limit	定义返回结果条数
**kwargs	传入属性和对应的属性值，或者一些其他的表达式以实现过滤条件定义

需要注意的是，Beautiful Soup 库方法选择器只能实现节点的定位，如果想要获取数据，还需通过标签选择器中的 parameter 参数实现。其语法格式如下所示。

```
soup.find/find_all().parameter
```

3. CSS 选择器

相对于上述两种选择器，Beautiful Soup 库的 CSS 选择器可以通过 HTML 中的 CSS 选择器实现节点的定位，使用时只需将 HTML 中的 CSS 选择器作为 select()方法的参数即可。其语法格式如下所示。

```
import bs4
soup=bs4.BeautifulSoup(markup, parser)
soup.select("HTML 中 CSS 选择器")
```

常用的 CSS 选择器如表 3-23 所示。

表 3-23　常用的 CSS 选择器

CSS 选择器	描述
select('title')	获取标签为 title 的所有节点
select('.sister')	获取 class 为 sister 的所有节点
select('#link')	获取 id 为 link 的节点
select('p #link')	获取 p 节点下 id 为 link 的节点
select('a[class="sister"]')	获取 class 为 sister 的所有 a 节点
select('p a[class="sister"]')	获取 p 节点下 class 为 sister 的所有 a 节点

CSS 选择器可通过 parameter 参数实现数据提取。其语法格式如下所示。

```
soup.select("HTML 中 CSS 选择器").parameter
```

任务实施

微课 3-8　任务实施

学习了以上内容，读者应该掌握 Beautiful Soup 库解析的实现。下面本任务将在获取“浪潮云说”网页数据的基础上，完成数据的解析和提取。

第一步：查看网页并确认被采集的信息，包括云说标题、云说内容，以及发布时间，如图 3-13 所示。

浪潮云说丨浪潮安全可信区块链平台IBC解密　2022/06/23

随着区块链技术在传统应用中的使用越来越深入，区块链的不可篡改、可溯源、分布式记账等特征在社会治理方面发挥了一定的作用，并被广泛应用于各个领域，使我国在社会治理方面逐渐趋于智能化、数字化、法治化。 早在2017年浪潮云就已启动区块链相关产品的研发工作，经多年技术沉淀和众多项目经验积累，构建了高效精干的区...

浪潮云说丨浪潮云区块链，打造“政务数据可信共享”新模式　2022/04/26

随着信息技术的高速发展和行业数字化转型的快速演进，数据要素的赋能作用日益凸显，为保证数据要素的有序、安全流动，亟需新兴技术保驾护航。 作为具备分布式、去中心化、不可篡改等特性的区块链技术，在数据可信共享方面具备天然优势。 政务数据难互通，价值难共享 政务数据的共享开放与应用创新一直以来都是数字政...

浪潮云说丨越“老”越“香”的AI开发平台　2022/04/19

当前，在新科技革命和产业变革的大背景下，人工智能技术正在蓬勃发展，并已逐渐渗透进社会的各行各业。 但在人工智能技术的应用过程中，依旧面临数据、算法、技术等方面的挑战，需专业AI开发与计算工具帮助企业降低AI应

图 3-13　确认被采集的信息

第二步：导入 Beautiful Soup 库，通过 BeautifulSoup()方法来解析 Requests 库获取的 HTML 文档。代码如下所示。

```
import bs4
soup=bs4.BeautifulSoup(text,"html.parser")
print(soup)
```

执行以上代码，运行结果如图 3-14 所示。

```
Run:    BeautifulSoupCloudtheory ×
<div class="news-wrapper">
<div class="news">
<h1 class="module-title">浪潮云说</h1>
<div class="container news-list">
<div class="news-list-item">
<div class="news-list-item-left">
<a href="/1635/5328.html" rel="nofollow">
<img alt="浪潮云说丨浪潮安全可信区块链平台IBC解密" src="/images/20
</img></a>
</div>
<div class="news-list-item-right">
<div class="item-right-top">
<a href="/1635/5328.html">
<span class="news-list-item-title">浪潮云说丨浪潮安全可信区块链平
<span class="date">2022/06/23 </span>
</a>
</div>
<div class="item-right-bottom">
```

图 3-14　解析 HTML 文档

第三步：通过 find_all()方法定位所有的云说标题节点和所有的发布时间节点，之后，获取标签包含的内容。代码如下所示。

```
# 定位到所有的云说标题节点
title=soup.find_all("span",attrs={"class":"news-list-item-title"})
titleList=[]
# 遍历节点，获取节点包含的内容
for i in title:
    titleList.append(i.string)
print(titleList)
# 定位到所有的发布时间节点
date=soup.find_all("span",attrs={"class":"date"})
```

```
dateList=[]
# 遍历节点，获取节点包含的内容
for i in date:
    dateList.append(i.string)
print(dateList)
```

执行上述代码，运行结果分别如图 3-15、图 3-16 所示。

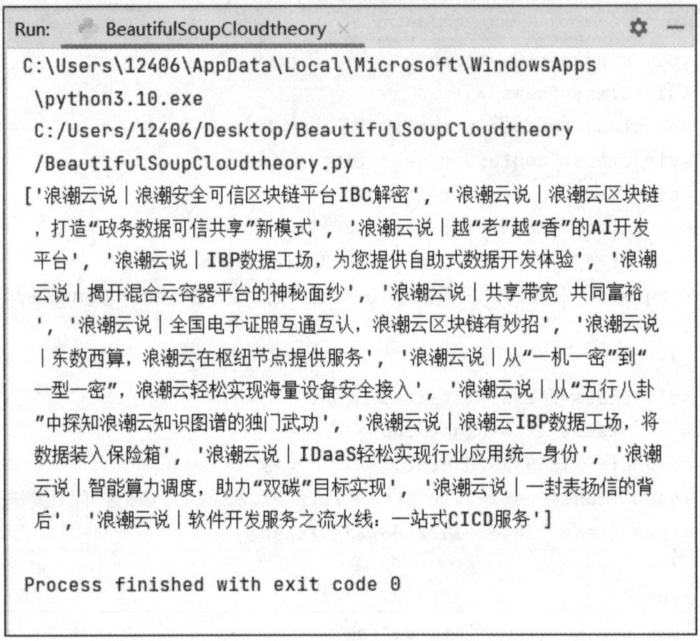

```
Run:    BeautifulSoupCloudtheory ×
C:\Users\12406\AppData\Local\Microsoft\WindowsApps
 \python3.10.exe
 C:/Users/12406/Desktop/BeautifulSoupCloudtheory
 /BeautifulSoupCloudtheory.py
['浪潮云说丨浪潮安全可信区块链平台IBC解密', '浪潮云说丨浪潮云区块链
 ，打造"政务数据可信共享"新模式', '浪潮云说丨越"老"越"香"的AI开发
 平台', '浪潮云说丨IBP数据工场，为您提供自助式数据开发体验', '浪潮
 云说丨揭开混合云容器平台的神秘面纱', '浪潮云说丨共享带宽 共同富裕
 ', '浪潮云说丨全国电子证照互通互认，浪潮云区块链有妙招', '浪潮云说
 丨东数西算，浪潮云在枢纽节点提供服务', '浪潮云说丨从"一机一密"到"
 一型一密"，浪潮云轻松实现海量设备安全接入', '浪潮云说丨从"五行八卦
 "中探知浪潮云知识图谱的独门武功', '浪潮云说丨浪潮云IBP数据工场，将
 数据装入保险箱', '浪潮云说丨IDaaS轻松实现行业应用统一身份', '浪潮
 云说丨智能算力调度，助力"双碳"目标实现', '浪潮云说丨一封表扬信的背
 后', '浪潮云说丨软件开发服务之流水线：一站式CICD服务']

Process finished with exit code 0
```

图 3-15　云说标题获取

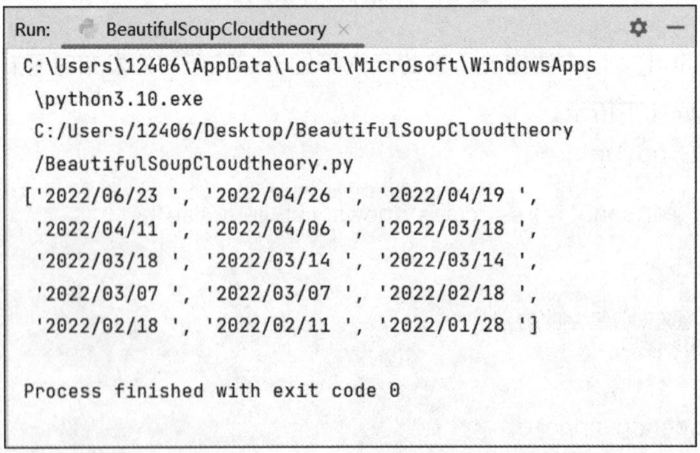

```
Run:    BeautifulSoupCloudtheory ×
C:\Users\12406\AppData\Local\Microsoft\WindowsApps
 \python3.10.exe
 C:/Users/12406/Desktop/BeautifulSoupCloudtheory
 /BeautifulSoupCloudtheory.py
['2022/06/23 ', '2022/04/26 ', '2022/04/19 ',
 '2022/04/11 ', '2022/04/06 ', '2022/03/18 ',
 '2022/03/18 ', '2022/03/14 ', '2022/03/14 ',
 '2022/03/07 ', '2022/03/07 ', '2022/02/18 ',
 '2022/02/18 ', '2022/02/11 ', '2022/01/28 ']

Process finished with exit code 0
```

图 3-16　发布时间获取

第四步：使用 CSS 选择器，通过标签的 class 值定位所有的云说内容节点，最后通过循环语句遍历每个节点以获取数据。代码如下所示。

```
# 定位所有的云说内容节点
content=soup.select('div[class="item-right-bottom"] p')
contentList=[]
# 遍历节点，获取节点包含的内容
for i in content:
    contentList.append(i.string)
print(contentList)
```

执行上述代码，运行结果如图 3-17 所示。

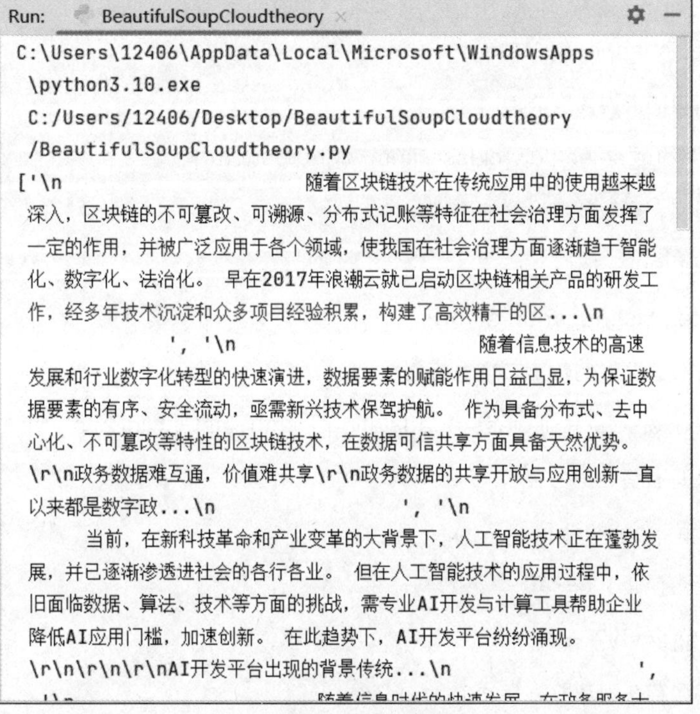

图 3-17 云说内容获取

第五步：解析文档，将提取数据的代码封装到 parser 函数中，并添加采集下一页的代码。完整代码如下所示。

```
import bs4
titleList=[]
dateList=[]
contentList=[]
def parser(text):
    soup=bs4.BeautifulSoup(text,"html.parser")
```

```
    # 定位所有的云说标题节点
    title=soup.find_all("span",attrs={"class":"news-list-item-title"})
    # 遍历节点，获取节点包含的内容
    for i in title:
        titleList.append(i.string)
    # 定位所有的发布时间节点
    date=soup.find_all("span",attrs={"class":"date"})
    # 遍历节点，获取节点包含的内容
    for i in date:
        dateList.append(i.string)
    # 定位所有的云说内容节点
    content=soup.select('div[class="item-right-bottom"] p')
    # 遍历节点，获取节点包含的内容
    for i in content:
        contentList.append(i.string)
    # 获取下一页区域倒数第二个 a 标签
    pages=soup.select('ul[class="pagination"] li:nth-last-child(2) a')[0]
    # 获取 a 标签包含的内容
    NextPage=pages.string
    # 判断是否存储"»下一页"
    if NextPage=="»下一页":
        # 如果存在则获取 a 标签的 href 路径
        page=pages.attrs['href']
        # 组成完整路径
        url="https://***.inspur.com"+page
        # 调用网页获取函数 getHTML()
        Nexthtml=getHTML(url)
        # 调用文档解析与数据提取函数 parser()
        parser(Nexthtml)
if __name__=='__main__':
    # “浪潮云说”网页地址
```

```
url = 'https://***.inspur.com/1635/'
text = getHTML(url)
parser(text)
print(titleList)
print(dateList)
print(contentList)
```

执行上述代码，运行结果分别如图 3-18～图 3-20 所示。

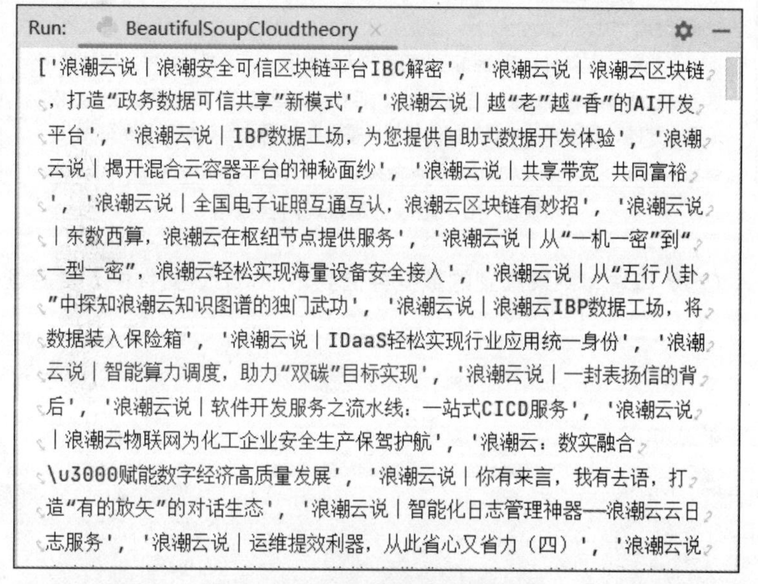

图 3-18　爬取全部云说标题数据

```
Run: BeautifulSoupCloudtheory
['2022/06/23 ', '2022/04/26 ', '2022/04/19 ',
'2022/04/11 ', '2022/04/06 ', '2022/03/18 ',
'2022/03/18 ', '2022/03/14 ', '2022/03/14 ',
'2022/03/07 ', '2022/03/07 ', '2022/02/18 ',
'2022/02/18 ', '2022/02/11 ', '2022/01/28 ',
'2022/01/28 ', '2022/01/26 ', '2022/01/23 ',
'2022/01/22 ', '2022/01/16 ', '2022/01/15 ',
'2022/01/14 ', '2022/01/11 ', '2022/01/11 ',
'2022/01/08 ', '2022/01/07 ', '2021/12/28 ',
'2021/12/28 ', '2021/12/25 ', '2021/12/22 ',
'2021/12/20 ', '2021/12/13 ', '2021/12/10 ',
'2021/12/10 ', '2021/12/06 ', '2021/12/03 ',
'2021/12/02 ', '2021/11/29 ', '2021/11/27 ',
'2021/11/27 ', '2021/11/27 ', '2021/11/18 ',
'2021/11/16 ', '2021/11/14 ', '2021/11/13 ',
```

图 3-19　爬取全部发布时间数据

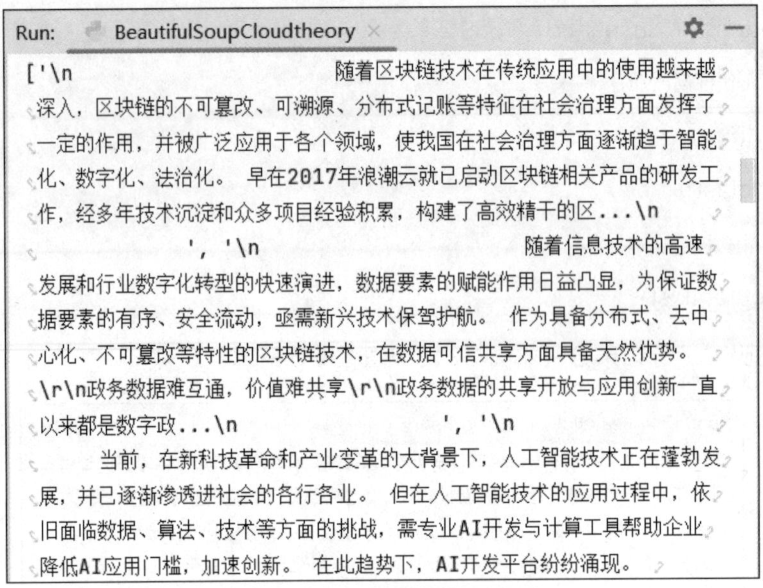

```
Run:  BeautifulSoupCloudtheory ×
['\n                随着区块链技术在传统应用中的使用越来越
深入，区块链的不可篡改、可溯源、分布式记账等特征在社会治理方面发挥了
一定的作用，并被广泛应用于各个领域，使我国在社会治理方面逐渐趋于智能
化、数字化、法治化。 早在2017年浪潮云就已启动区块链相关产品的研发工
作，经多年技术沉淀和众多项目经验积累，构建了高效精干的区...\n
            ', '\n                        随着信息技术的高速
发展和行业数字化转型的快速演进，数据要素的赋能作用日益凸显，为保证数
据要素的有序、安全流动，亟需新兴技术保驾护航。 作为具备分布式、去中
心化、不可篡改等特性的区块链技术，在数据可信共享方面具备天然优势。
\r\n政务数据难互通，价值难共享\r\n政务数据的共享开放与应用创新一直
以来都是数字政...\n                ', '\n
        当前，在新科技革命和产业变革的大背景下，人工智能技术正在蓬勃发
展，并已逐渐渗透进社会的各行各业。 但在人工智能技术的应用过程中，依
旧面临数据、算法、技术等方面的挑战，需专业AI开发与计算工具帮助企业
降低AI应用门槛，加速创新。 在此趋势下，AI开发平台纷纷涌现。
```

图 3-20　爬取全部云说内容数据

第六步：导入 CSV 模块，将采集到的数据存储到本地 CSV 文件中，供后续使用。代码如下所示。

```
import csv
if __name__=='__main__':
    #“浪潮云说”网页地址
    url = 'https://***.inspur.com/1635/'
    text = getHTML(url)
    parser(text)
    # 创建并以追加的方式打开文件
    f=open("Cloudtheory.csv","a",encoding="utf-8",newline="")
    # 构建 CSV 写入对象
    csv_writer = csv.writer(f)
    for i in range(0, len(titleList)):
        print(i)
        # 数据写入
        csv_writer.writerow([titleList[i], dateList[i], contentList[i]])
    # 关闭文件
    f.close()
```

执行上述代码，运行结果如图 3-21 所示。

浪潮云说丨浪潮安全	2022/6/23	随着区块链技术在传统应用中的使用越来越深入，区块链的不可篡改、可溯源、分布式记账等特征在社会治理方面发挥了一定的作用，并被广泛应用于各个
浪潮云说丨浪潮云	2022/4/26	随着信息技术的高速发展和行业数字化转型的快速演进，数据要素的赋能作用日益凸显，为保证数据要素的有序、安全流动，亟需新兴技术保驾护航。作为
浪潮云说丨越“老”	2022/4/19	当前，在新科技革命和产业变革的大背景下，人工智能技术正在蓬勃发展，并已逐渐渗透进社会

图 3-21　CSV 文件内容

项目小结

本项目通过网页内容解析与数据提取的实现，帮助读者对 XPath 和 Beautiful Soup 库的相关概念有了初步了解，对 XPath 节点定位、数据提取以及 Beautiful Soup 库的使用方法有所了解并掌握，并使读者能够通过所学知识实现文档的解析并提取数据。

课后习题

1. 选择题

（1）下列方法中，用于解析 HTML 文档的是（　　）。

A. HTML()　　B. XML()　　C. parse()　　D. tostring()

（2）路径表达式根据作用对象的不同，有（　　）种定位功能。

A. 1　　B. 2　　C. 3　　D. 4

（3）下列符号中，表示选取当前节点父节点的是（　　）。

A. /　　B. //　　C. .　　D. ..

（4）目前，Beautiful Soup 库有（　　）个版本。

A. 1　　B. 2　　C. 3　　D. 4

（5）下列不属于 Beautiful Soup 库选择器的是（　　）。

A. 标签选择器　　B. 方法选择器　　C. 路径选择器　　D. CSS 选择器

2. 判断题

（1）XPath 是一种通过节点和属性的遍历定位 XML 文档中信息的查询语言。（　　）

（2）在使用 xpath()方法时，路径表达式由符号和方法组成。（　　）

（3）元素包含的内容的提取通过 text 实现。（　　）

（4）在安装 Beautiful Soup 库时，只需添加版本号即可安装指定版本。（　　）

（5）node 参数中 descendants 表示子孙节点。（　　）

3．简答题

（1）列举 HTML()方法中可以选择的解析器。

（2）简述 Beautiful Soup 库的优劣。

自我评价

通过学习本任务，查看自己是否掌握以下技能，并在表 3-24 中标出已掌握的技能。

表 3-24　技能检测表

评价标准	个人评价	小组评价	教师评价
具备使用 XPath 解析网页内容的能力			
具备使用 Beautiful Soup 库解析网页内容的能力			

备注：A．具备　　B．基本具备　　C．部分具备　　D．不具备

项目4
基于Scrapy框架实现动态网页数据采集与存储

04

项目导言

微课 4-1 项目导言及学习目标

目前，全球互联网用户数量已超过 40 亿。人们在互联网上进行浏览页面、发表评论等频繁的操作，会产生大量的“用户数据”，而如何采集这些数据一直是一个挑战。Python 中 Scrapy 框架给开发人员采集网页数据带来了极大的便利，本项目将使用 Scrapy 框架完成网页数据的采集与存储。

思维导图

项目4 基于Scrapy框架实现动态网页数据采集与存储 — 任务4-1 使用Scrapy框架完成“新闻公告”页面数据采集与存储

- 技能点1 Scrapy框架的安装
- 技能点2 Scrapy框架的操作指令
- 技能点3 字段定义及Scrapy框架设置
- 技能点4 文本解析
- 技能点5 内容存储

知识目标

➢ 了解 Scrapy 框架的相关概念。
➢ 熟悉 Scrapy 框架的设置。
➢ 掌握文本解析与内容存储相关知识。
➢ 掌握内存存储逻辑。

技能目标

➢ 具备项目创建的能力。
➢ 具备使用 Scrapy 框架操作命令创建 Scrapy 项目的能力。
➢ 具备解析网页中文本的能力。
➢ 具备网页数据采集能力。

素养目标

- 通过学习 Scrapy 框架的设置，提高解决实际问题的能力和策略规划能力。
- 了解网络爬虫相关的法律法规，培养尊重数据所有权和合理合规采集数据的意识。

任务 4-1 使用 Scrapy 框架完成“新闻公告”页面数据采集与存储

任务描述

Scrapy 框架是 Python 的一个应用 Twisted 异步处理的第三方应用程序框架。通过 Scrapy 框架用户只需要定制开发几个模块即可实现快速爬取网站并从页面中爬取网页内容以及各种图片。本任务主要通过运用 Scrapy 框架来实现“新闻公告”页面数据的爬取操作。在任务实现过程中，将简单讲解 Scrapy 框架的相关概念，并在任务实施中演示如何使用 Scrapy 框架。

素质拓展

党的二十大报告指出：“团结就是力量，团结才能胜利。”随着“知识技术时代”的到来，各种知识、技术不断推陈出新，竞争日趋紧张、激烈，社会需求越来越多样化，人们在工作和学习中所面临的情况和环境愈加复杂。在实际工作中要注意讲究团队精神，并且团队中的每个成员要相互依赖、互相沟通、共同进步，只有综合大家的优势，才能解决面临的问题，并且取得事业上的成功。

任务技能

技能点 1 Scrapy 框架的安装

1. Scrapy 框架的简介

微课 4-2 Scrapy 框架的简介

Scrapy 框架是 Python 的一个第三方应用程序框架，主要用于爬取网站数据并从页面中提取结构化数据。但随着其功能的不断扩展，它不仅可以通过 API 提取网页数据，还经常被应用于数据挖掘、数据检测、信息处理等方面。

Scrapy 框架主要采用 Twisted 异步网络框架来实现网络通信的处理工作。Scrapy 框架架构清晰、明了，模块之间的耦合程度低，可扩展性强，通过各种中间件接口灵活配合，用户只需定制开发几个模块即可进行数据采集工作。Scrapy 框架如图 4-1 所示。

通过图 4-1 可知，一个简单的 Scrapy 框架包含 Scrapy Engine、Scheduler、Downloader、Spider、Item Pipeline 共 5 个主要模块，具体说明如下。

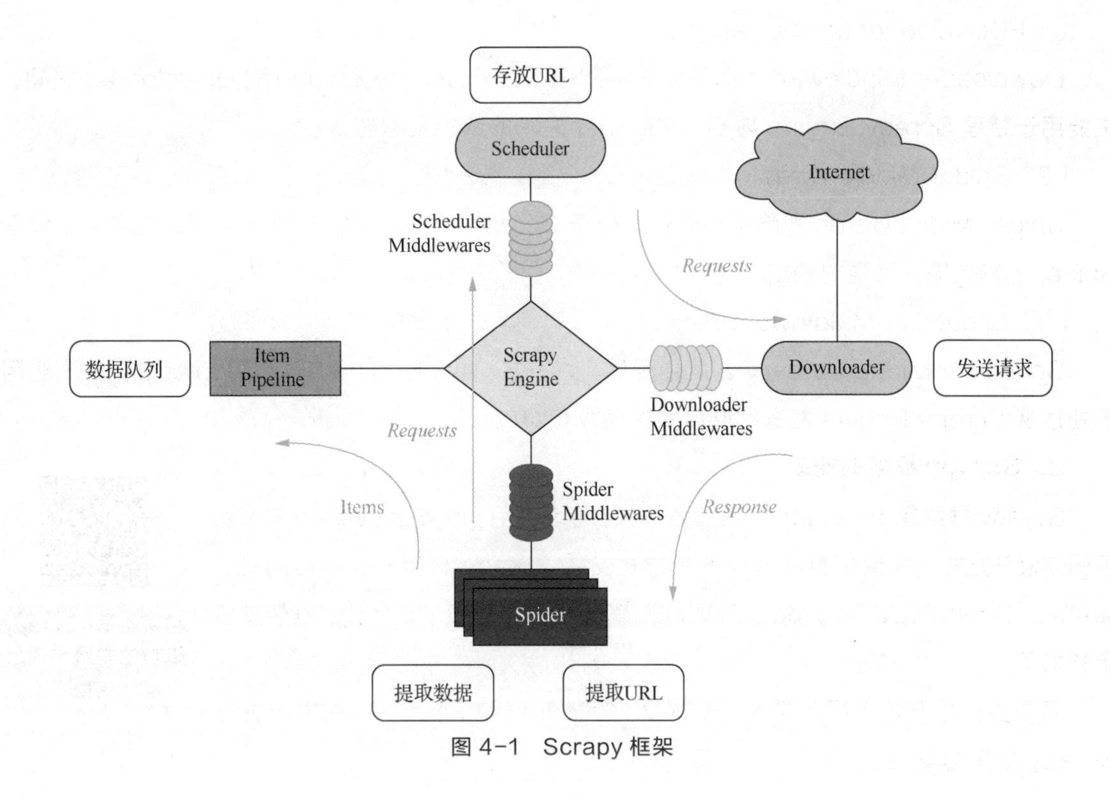

图 4-1　Scrapy 框架

（1）Scrapy Engine

Scrapy Engine 即 Scrapy 引擎，能够进行系统数据流的处理、事件的触发，以及完成 Spider、Item Pipeline、Downloader、Scheduler 等模块之间数据的传输、信号的传递。

（2）Scheduler

Scheduler 即调度器，能够接收 Scrapy Engine 的 Requests 请求。多个请求会在整理排序后，等待 Scrapy Engine 需要时返回给 Scrapy Engine。

（3）Downloader

Downloader 即下载器，能够通过 Scrapy Engine 的 Requests 请求下载网页内容，并返回包含网页内容的 Response，然后由 Scrapy Engine 提交给 Spider 进行处理。

（4）Spider

Spider 即爬虫，主要用于对 Response 进行处理。Spider 会从特定的网页中分析和提取数据，并在获取 Item 字段需要的数据后，将网络地址提交给引擎，再次进入 Scheduler。

（5）Item Pipeline

Item Pipeline 即管道，负责处理 Spider 中获取到的 Item 字段，并进行详细分析、过滤、存储等后期处理。

Scrapy 框架除了上述 5 个模块外，还包含 Downloader Middlewares、Spider Middlewares 和 Scheduler Middlewares 这 3 个用于在模块之间进行通信的中间件，具体说明如下。

（1）Downloader Middlewares

Downloader Middlewares 即下载器中间件，处于 Scrapy Engine 和 Downloader 之间，主要用于处理 Scrapy Engine 与 Downloader 之间的请求及响应。

（2）Spider Middlewares

Spider Middlewares 即爬虫中间件，处于 Scrapy Engine 和 Spider 之间，主要用于处理 Spider 的响应输入和请求输出。

（3）Scheduler Middlewares

Scheduler Middlewares 即调度中间件，处于 Scrapy Engine 和 Scheduler 之间，主要用于处理从 Scrapy Engine 发送到调度器的请求和响应。

2．Scrapy 框架的安装

微课 4-3　Scrapy 框架的安装与项目结构

Scrapy 框架属于 Python 的第三方框架，可以采用 pip 安装、wheel 安装和源码安装等方式，并且在通过 pip 安装方式安装 Scrapy 框架时，会自动安装 lxml、pyOpenSSL、Twisted、PyWin32 等相关的依赖库，Scrapy 框架安装步骤如下。

第一步：打开命令提示符窗口，输入“pip install scrapy”并执行进行 Scrapy 框架的安装，如图 4-2 所示。

图 4-2　Scrapy 框架的安装

第二步：进入 Python 的交互式命令行，通过 import Scrapy 命令进行安装验证，如图 4-3 所示。

图 4-3　Scrapy 框架安装成功

3. Scrapy 项目结构

Scrapy 项目结构较简单，包含整体配置文件、项目设置文件、字段定义文件、中间件文件，以及爬虫文件所在文件夹。Scrapy 项目结构如图 4-4 所示。

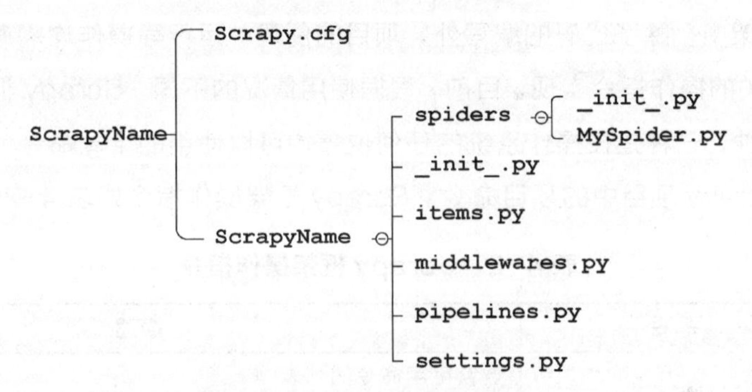

图 4-4　Scrapy 项目结构

Scrapy 项目中各个文件作用的说明如表 4-1 所示。

表 4-1　Scrapy 项目中各个文件作用的说明

文件	说明
scrapy.cfg	项目配置文件
init.py	初始化包并定义包的接口
MySpider.py	爬虫文件
items.py	字段定义文件
middlewares.py	中间件设置文件
pipelines.py	项目管道文件
settings.py	项目设置文件

4. Scrapy 项目构建流程

Scrapy 框架的使用方法也非常简单，用户只需定制开发几个模块即可轻松地实现爬虫，并能够非常方便地进行网页内容以及各种图片的爬取。目前，Scrapy 框架爬虫的实现需要 7 个步骤，依次为项目创建、字段定义、爬虫文件创建、项目设置、通用参数设置、文本解析、数据存储。具体说明如下。

- 项目创建：通过 startproject 命令创建爬虫项目。
- 字段定义：修改 items.py 文件代码，明确爬取的目标字段。
- 爬虫文件创建：通过 genspider 命令在 spiders 目录中创建爬虫文件。
- 项目设置：修改 settings.py 文件，对项目名称、并发请求、爬取策略、项目管道等进行设置。
- 通用参数设置：在爬虫文件中，根据需求选择通用参数，爬取页面数据。
- 文本解析：通过 XPath 或 CSS 选择器解析 XML 文档。
- 数据存储：修改 pipelines.py 代码，通过管道的设置实现爬取内容的存储。

技能点 2　Scrapy 框架的操作指令

微课 4-4　Scrapy 框架的操作指令

在 Scrapy 框架中，除了代码的编写外，项目的创建、运行等操作均需通过 Scrapy 框架相关的操作指令实现。目前，根据使用情况的不同，Scrapy 框架的操作指令有两种，一种是在操作系统的任何位置均可以使用的全局命令，另一种是应用于 Scrapy 项目中的项目命令。Scrapy 框架操作指令如表 4-2 所示。

表 4-2　Scrapy 框架操作指令

类别	命令	描述
全局命令	-h	查看可用命令的列表
	fetch	使用 Scrapy Downloader 提取的 URL
	runspider	未创建项目的情况下，运行一个编写好的 spider 模块
	settings	规定项目的设定值
	shell	给定 URL 的一个交互式模块
	startproject	用于创建项目
	version	显示 Scrapy 框架版本
	view	使用 Scrapy Downloader 提取 URL 并显示浏览器中的内容
	genspider	使用内置模板在 spiders 文件下创建一个爬虫文件
	bench	测试 Scrapy 框架在硬件上运行的效率
项目命令	crawl	使用爬虫爬取数据并运行项目
	check	检查项目并由 crawl 命令返回
	list	显示本项目中可用爬虫（spider）的列表
	edit	可以通过编辑器编辑爬虫
	parse	通过爬虫分析给定的 URL

在使用时，只需在命令前加上 scrapy 关键字，然后，在其后面加上命令的相关参数即可。其中，startproject、genspider 和 crawl 是 Scrapy 项目中必不可少的命令，具体说明如下。

（1）startproject 命令

startproject 命令主要用于实现 Scrapy 项目的创建，只需通过指定项目名称即可在任意目录中创建 Scrapy 项目。其语法格式如下所示。

```
scrapy startproject Scrapy 项目名称
```

（2）genspider 命令

genspider 命令是可在 Scrapy 框架中创建爬虫文件的一个命令，在使用时，需要提供爬虫文件名称以及被爬取数据网站的地址，之后，它会在 spiders 文件下创建一个爬虫文件。其语法格式如下所示。

```
scrapy genspider 爬虫文件名称 url
```

（3）crawl 命令

在 Scrapy 框架中，crawl 命令用于实现 Scrapy 项目的运行，只需在命令后添加爬虫文件名称即可。其语法格式如下所示。

```
scrapy crawl 爬虫文件名称
```

技能点 3　字段定义及 Scrapy 框架设置

微课 4-5　字段定义及 Scrapy 框架设置

1. 自定义字段

在进行网页内容的爬取时，明确目标是不可或缺的一个步骤。在 Scrapy 框架中，通过修改 items.py 文件中的代码进行字段的自定义操作即可明确爬取的目标。其语法格式如下所示。

```
#导入 Scrapy 模块
import scrapy
#定义包含 scrapy.Item 参数的类
class ScrapynameItem(scrapy.Item):
    # define the fields for your item here like:
    #自定义字段
    name = scrapy.Field()
    #通过提示
    pass
```

其中，包含 scrapy.Item 参数的类的名称可以手动指定，之后，通过 scrapy.Field()方法即可完成字段的自定义操作。

除了 scrapy.Field()方法，还可以通过 import 命令从 Scrapy 框架中引入 Item 和 Field，之后，直接使用即可。其语法格式如下所示。

```
#导入 Scrapy 的 Item 参数和 Field 方法
from scrapy import Item,Field
#定义包含 scrapy.Item 参数的类
class ScrapynameItem(Item):
    #自定义字段
    name=Field();
    #通过提示
    pass
```

需要注意的是，items.py 文件中包含的内容仅为字段的定义，需在 MySpider.py 文件中通过类名称引入 items.py 文件中 class 定义的类并实例化字段对象，之后，通过“对象[字段名称]=值”的方式进行赋值操作。具体语法格式如下所示。

```
import scrapy
# 导入 ScrapynameItem 类
from ScrapyName.items import ScrapynameItem
class MyspiderSpider(scrapy.Spider):
    def parse(self, response):
        item=ScrapynameItem()
        item["name"]="值"
```

2. 项目设置

Scrapy 框架中项目的设置通过在 settings.py 文件中指定项目属性和属性值定义来实现，项目设置参数包括项目名称设置、并发请求设置、爬虫中间件设置等。Scrapy 框架中常用的项目设置参数如表 4-3 所示。

表 4-3　Scrapy 框架中常用的项目设置参数

参数	描述	示例
BOT_NAME	Scrapy 项目的名称	BOT_NAME = 'scrapyName'
SPIDER_MODULES	Scrapy 框架搜索 spider 的模块列表	SPIDER_MODULES = ['scrapyName.spiders']
NEWSPIDER_MODULE	使用 genspider 命令创建新 spider 的模块	NEWSPIDER_MODULE = 'scrapyName.spiders'
USER_AGENT	User-Agent 设置	USER_AGENT = 'scrapyName (+https://***.inspur.com/)'
ROBOTSTXT_OBEY	是否采用 robots.txt 策略，值为 True 或 False	ROBOTSTXT_OBEY = True
CONCURRENT_REQUESTS	并发请求的最大值，默认为 16	CONCURRENT_REQUESTS = 32

续表

参数	描述	示例
DOWNLOAD_DELAY	从同一网站下载连续页面之前应等待的时间，默认值为 0，单位为 s	DOWNLOAD_DELAY = 3
CONCURRENT_REQUESTS_PER_DOMAIN	对单个网站进行并发请求的最大值	CONCURRENT_REQUESTS_PER_DOMAIN = 16
CONCURRENT_REQUESTS_PER_IP	对单个 IP 进行并发请求的最大值	CONCURRENT_REQUESTS_PER_IP = 16
COOKIES_ENABLED	是否禁用 Cookie，默认启用，值为 True 或 False	COOKIES_ENABLED = False
TELNETCONSOLE_ENABLED	是否禁用 Telnet 控制台，默认启用，值为 True 或 False	TELNETCONSOLE_ENABLED = False

DEFAULT_REQUEST_HEADERS	定义并覆盖默认请求头	DEFAULT_REQUEST_HEADERS = {
		'Accept': 'text/html,application/xhtml+xml,application/xml;q=0.9,*/*;q=0.8',
		'Accept-Language': 'en',
		}

SPIDER_MIDDLEWARES	设置爬虫中间件，值为中间件顺序	SPIDER_MIDDLEWARES = {
		'scrapyName.middlewares.ScrapynameSpiderMiddleware': 543,
		}

DOWNLOADER_MIDDLEWARES	设置下载器中间件，值为中间件顺序	DOWNLOADER_MIDDLEWARES = {
		'scrapyName.middlewares.ScrapynameDownloaderMiddleware': 543,
		}

EXTENSIONS	启用或禁用扩展程序	EXTENSIONS = {
		'scrapy.extensions.telnet.TelnetConsole': None,
		}

ITEM_PIPELINES	配置项目管道	ITEM_PIPELINES = {
		'scrapyName.pipelines.ScrapynamePipeline': 300,
		}

AUTOTHROTTLE_ENABLED	启用和配置 AutoThrottle 扩展，默认禁用，值为 True 或 False	AUTOTHROTTLE_ENABLED = True
AUTOTHROTTLE_START_DELAY	开始下载时限速并延迟时间，单位为 s	AUTOTHROTTLE_START_DELAY = 5
AUTOTHROTTLE_MAX_DELAY	在高延迟的情况下设置的最大下载延迟时间，单位为 s	AUTOTHROTTLE_MAX_DELAY = 60
AUTOTHROTTLE_DEBUG	是否显示所收到的每个响应的调节统计信息，值为 True 或 False	AUTOTHROTTLE_DEBUG = False
HTTPCACHE_ENABLED	是否启用 HTTP 缓存，值为 True 或 False	HTTPCACHE_ENABLED = True

续表

参数	描述	示例
HTTPCACHE_EXPIRATION_SECS	缓存请求的到期时间，单位为 s	HTTPCACHE_EXPIRATION_SECS = 0
HTTPCACHE_DIR	用于存储 HTTP 缓存的目录	HTTPCACHE_DIR = 'httpcache'
HTTPCACHE_IGNORE_HTTP_CODES	是否使用 HTTP 代码缓存响应	HTTPCACHE_IGNORE_HTTP_CODES = []
HTTPCACHE_STORAGE	实现缓存存储后端的类	HTTPCACHE_STORAGE = 'scrapy.extensions.httpcache.FilesystemCacheStorage'

微课 4-6　Scrapy 通用参数设置

3. 通用参数设置

Scrapy 框架的爬虫文件中包含了一个爬虫类。该类中包含爬取路径、字段值设置等爬虫的相关代码。其中，爬虫类在设置时需要根据需求为其指定通用参数。常用的通用参数如表 4-4 所示。

表 4-4　常用的通用参数

参数	描述
scrapy.Spider	通用 Spider
CrawlSpider	指定规则爬取网站
XMLFeedSpider	通过迭代节点分析 XML 内容

（1）scrapy.Spider

scrapy.Spider 是 Scrapy 框架中的通用参数，所有功能需自定义实现，并不存在任何特殊功能。另外，scrapy.Spider 提供了多个用于设置爬虫的类属性和方法，如表 4-5 所示。

表 4-5　scrapy.Spider 提供的类属性和方法

类属性和方法	描述
name	Spider 名称
allowed_domains	爬取网站的域名列表
start_urls	网址列表
start_requests(self)	用于打开网页爬取内容，并返回一个可迭代对象
parse(self, response)	用来处理网页返回的 Response

scrapy.Spider 的语法格式如下所示。

```
import scrapy
class MyspiderSpider(scrapy.Spider):
    name = 'MySpider'
```

```
    allowed_domains = ['域名列表']
    start_urls = ['网址列表']
    # 打开 start_urls 中包含的网址，爬取网页内容后返回一个可迭代对象
    def parse(self, response):
        pass
```

（2）CrawlSpider

CrawlSpider 可以通过 rules 属性指定爬取规则来实现网页内容的爬取，它能够满足大多数的爬取场景。其中，rules 属性包含了多个 Rule 对象，多个对象通过“,”连接，每个 Rule 对象定义爬取网站的规则，CrawlSpider 会读取 rules 属性的每一个 Rule 对象并进行解析。CrawlSpider 提供的类属性和方法如表 4-6 所示。

表 4-6　CrawlSpider 提供的类属性和方法

类属性和方法	描述
name	Spider 名称
allowed_domains	爬取网站的域名列表
start_urls	网址列表
rules(Rule(),Rule(),...)	爬取规则定义
start_requests(self)	用于打开网页爬取内容，并返回一个可迭代对象
parse(self, response)	用来处理网页返回的 Response
parse_start_url(response)	当 start_url 的请求返回时，该方法被调用。该方法会分析 Response 并必须返回 Item 对象或者 Request 对象

其中，Rule()方法参数如表 4-7 所示。

表 4-7　Rule()方法参数

参数	描述
link_extractor	指定爬虫如何跟进链接和提取数据
callback	指定调用函数，在每一页提取之后被调用
cb_kwargs	包含传递给回调函数的参数的字典
follow	指定是否继续跟进链接，值为 True、False
process_links	回调函数，从 link_extractor 中获取到链接列表时将会调用该函数，主要用来过滤
process_request	回调函数，提取到每个 Request 时都会调用该函数，并且必须返回一个 Request 或者 None。可以用来过滤 Request

另外，Rule()方法中 link_extractor 参数通过 LinkExtractor()方法实现。LinkExtractor()方法主要用于将 Response 中符合规则的链接提取出来。LinkExtractor()方法参数如表 4-8 所示。

表 4-8　LinkExtractor()方法参数

参数	描述
allow	满足括号中“正则表达式”的值会被提取，如果为空，则全部匹配
deny	满足括号中“正则表达式”的值不会被提取
restrict_xpaths	满足 XPath 表达式的值会被提取
restrict_css	满足 CSS 表达式的值会被提取
deny_domains	不会被提取的链接，值为一个单独的值或一个包含域的字符串列表

CrawlSpider 的语法格式如下所示。

```
import scrapy
# 从 scrapy.spiders 中导入 CrawlSpider 和 Rule
from scrapy.spiders import CrawlSpider, Rule
# 从 scrapy.linkextractors 中导入 LinkExtractor
from scrapy.linkextractors import LinkExtractor
# 使用 CrawlSpider 参数
class MyspiderSpider(CrawlSpider):
    name = 'MySpider'
    allowed_domains = ['域名列表']
    start_urls = ['网址列表']
    # 定义爬取规则
    rules = (
Rule(LinkExtractor(allow=(),deny=(),restrict_xpaths=(),restrict_css=(),deny_domains=()),
callback=None,cb_kwargs=None,follow=None,process_links=None,process_request=None)
    )
    def parse_item(self, response):
        pass
```

（3）XMLFeedSpider

除了上述两种通用参数，Scrapy 框架还提供了一个 XMLFeedSpider 参数。该参数能够通过迭代器进行各个节点的迭代来实现 XML 文件的分析，XMLFeedSpider 提供的类属性和方法如表 4-9 所示。

表 4-9　XMLFeedSpider 提供的类属性和方法

类属性和方法	描述
name	Spider 名称
allowed_domains	爬取网站的域名列表
start_urls	网址列表
iterator	迭代器，可选值为 iternodes（默认）、HTML、XML
itertag	定义迭代时进行匹配的节点名称
start_requests(self)	用于打开网页爬取内容，并返回一个可迭代对象
parse(self, response)	用来处理网页返回的 Response
parse_node(response,selector)	回调函数，当节点匹配名称时被调用
process_results(response,results)	回调函数，当爬虫返回结果时被调用

XMLFeedSpider 的语法格式如下所示。

```
import scrapy
# 从 scrapy.spiders 中导入 XMLFeedSpider
from scrapy.spiders import XMLFeedSpider
class XmlspiderSpider(XMLFeedSpider):
    name = 'MySpider'
    allowed_domains = ['域名列表']
    start_urls = ['网址列表']
    # 选择迭代器
    iterator = 'iternodes'
    # 设置节点名称
    itertag = 'item'
    # 回调函数
    def parse_node(self,response,selector):
        pass
```

技能点 4　文本解析

Scrapy 框架在爬取页面内容后，会将完整的 HTML 页面信息以 Response 对象的形式返回，这时为了能够解析文本，精确地获取指定的内容，Scrapy 框架提供了选择器。目前，Scrapy 框架提供了 XPath 和 CSS 两种选择器。

1. XPath 选择器

XPath 能够通过路径表达式从 XML、HTML 等结构化文件中进行节点或节点集的选取。其中，XPath 路径表达式主要由一些符号和方法组成，如表 4-10 所示。

微课 4-7　XPath 选择器

表 4-10　XPath 路径表达式包含的符号和方法

符号和方法	描述
nodeName	选取此节点的所有节点
/	根节点
//	选择文档中的所有匹配节点
.	当前节点
..	当前节点的父节点
@	选取属性
*	匹配当前节点的所有子元素节点
@*	匹配当前节点的所有属性节点
Node()	匹配任何类型的节点
text()	获取文本内容

通过表 4-10 中不同符号的组合，能够实现任意节点的匹配并通过方法实现内容的提取。常用的 XPath 路径表达式如表 4-11 所示。

表 4-11　常用的 XPath 路径表达式

表达式	描述
div	选取所有 div 节点的子节点
/div	选取根节点 div
./div	选取当前节点下的 div
../div	选取父节点下的 div
div/a	选取所有属于 div 的子节点 a 节点
//div	选取所有 div 的子节点，无论 div 在任何地方
artical//div	选取所有属于 artical 的 div 节点，无论 div 节点在 artical 的任何位置
//@class	选取所有名为 class 的属性
a/@href	选取 a 标签的 href 属性
a/text()	选取 a 标签下的文本
/artical/div[1]	选取所有属于 artical 子节点的第一个 div 节点
/artical/div[last()]	选取所有属于 artical 子节点的最后一个 div 节点
/artical/div[last()-1]	选取所有属于 artical 子节点的倒数第二个 div 节点
/artical/div[position()<3]	选取所有属于 artical 子节点的前两个 div 节点
//div[@class]	选取所有拥有属性为 class 的 div 节点
//div[@class="text"]	选取所有 div 下 class 属性为 text 的 div 节点
//div[name>5]	选取所有 div 下 name 值大于 5 的节点

Scrapy 框架的路径表达式通过 xpath()方法声明。其语法格式如下所示。

```
import scrapy
# 从 scrapy.selector 中导入 Selector
from scrapy.selector import Selector
```

```
class MyspiderSpider(scrapy.Spider):
    name = 'MySpider'
    allowed_domains = ['域名列表']
    start_urls = ['网址列表']
    def parse(self, response):
        # 构造 Selector 实例
        sel=Selector(response)
        # 解析 HTML
        xpath=sel.xpath('表达式')
        pass
```

在通过表达式获取内容后，使用 text()方法可能导致内容的格式并不符合字符串、字典等格式，这时就需要通过 XPath 选择器提供的数据提取方法来完成节点或文本数据的提取，使用时直接在 xpath()方法后使用即可。XPath 选择器中包含的部分操作方法如表 4-12 所示。

表 4-12　XPath 选择器中包含的部分操作方法

方法	描述
extract()	提取文本数据
extract_first()	提取第一个元素

2. CSS 选择器

相对于 XPath 选择器通过节点进行定位，CSS 选择器则是通过节点中包含的各种属性以及节点和节点之间的关系进行信息的定位，但 CSS 选择器仍能支持 XPath 选择器中包含的操作方法。CSS 选择器常用的符号和方法如表 4-13 所示。

微课 4-8　CSS 选择器

表 4-13　CSS 选择器常用的符号和方法

符号和方法	描述
*	选取所有节点
#	选取 id 节点
.	选取 class 节点
nodeName	选取所有 nodeName 节点，多个节点之间通过“,”连接
空格	选取指定节点下的所有节点
+	选取指定节点后面的同级节点
>	选取指定节点的第一个子节点
~	选取指定节点相邻的所有节点
[属性]	选取所有包含指定属性的指定节点
[属性=值]	选取符合属性值的所有指定节点

续表

符号和方法	描述
[属性*=值]	选取属性值中包含指定值的所有指定节点
[属性^=值]	选取属性值中以指定值开头的所有指定节点
[属性$=值]	选取属性值中以指定值结尾的所有指定节点
:checked	选取表单中的选中节点
:not()	选取不包含指定内容的所有指定节点
:nth-child(n)	选取第 n 个指定节点
::attr(属性)	获取指定节点的属性值
::text	获取指定节点下的文本

CSS 路径表达式如表 4-14 所示。

表 4-14　CSS 路径表达式

表达式	描述
div *	选取 div 下所有子节点
#container	选取 id 为 container 的节点
.container	选取 class 包含 container 的所有节点
div,p	选取所有 div 节点和 p 节点
li a	选取所有 li 下的所有 a 节点
ul + p	选取 ul 后面的第一个 p 节点
div#container > ul	选取 id 为 container 的 div 的第一个 ul 子节点
ul~p	选取与 ul 相邻的所有 p 节点
a[title]	选取含有 title 属性的所有 a 节点
a[href="https://***.inspur.com/"]	选取 href 属性为 https://***.inspur.com/的所有 a 节点
a[href*="baidu"]	选取 href 属性值中包含 baidu 的所有 a 节点
a[href^="http"]	选取 href 属性值以 http 开头的所有 a 节点
a[href$=".png"]	选取 href 属性值以.png 结尾的所有 a 节点
/input[type=radio]:checked	选取选中的 radio 的节点
div:not(#container)	选取所有 id 不为 container 的所有 div 节点
li:nth-child(3)	选取第三个 li 节点
a::attr(href)	获取 a 标签的 href 属性
a::text	获取 a 标签包含的文本

Scrapy 框架的 CSS 路径表达式通过 css()方法声明。其语法格式如下所示。

```
import scrapy
# 从 scrapy.selector 中导入 Selector
from scrapy.selector import Selector
```

```
class MyspiderSpider(scrapy.Spider):
    name = 'MySpider'
    allowed_domains = ['域名列表']
    start_urls = ['网址列表']
    def parse(self, response):
        # 构造 Selector 实例
        sel=Selector(response)
        # 解析 HTML
        css=sel.css('表达式')
        pass
```

技能点 5　内容存储

微课 4-9　内容存储

单纯地获取数据是没有任何作用的，还需要将获取的数据保存起来，为后期数据的可视化和分析提供支持。目前，Scrapy 框架提供了两种内容存储方式，分别为文件存储和管道存储。

1. 文件存储

在 Scrapy 框架中运行 Scrapy 项目时，可以使用 crawl 命令的“-o”参数，将数据保存到本地 JSON、CSV 等文件中。其语法格式如下所示。

```
scrapy crawl 爬虫文件名称-o path
```

2. 管道存储

通过命令的方式，只能将数据以固定的格式存储至指定文件；而通过管道的方式，可以在管道中先对数据进行处理后，再进行存储。目前，使用 Scrapy 框架中的管道需要先在 settings.py 文件添加 ITEM_PIPELINES 参数以进行管道的启用。其语法格式如下所示。

```
ITEM_PIPELINES = {
    'ScrapyProject.pipelines.ScrapyprojectPipeline': 300,
}
```

ITEM_PIPELINES 的参数说明如表 4-15 所示。

表 4-15　ITEM_PIPELINES 的参数说明

参数	描述
ScrapyProject	项目名称
pipelines	管道文件名称
ScrapyprojectPipeline	管道中包含的类名称
300	执行管道的优先级，值为 0～1000，数字越小，管道的优先级越高，优先调用

另外，单纯地启动管道并不能使其发挥作用，还需在爬虫文件内通过 yield 关键字将实例化后的字段对象传递到管道文件中。其语法格式如下所示。

```
import scrapy
# 导入 ScrapynameItem 类
from ScrapyName.items import ScrapynameItem
class MyspiderSpider(scrapy.Spider):
    name = 'MySpider'
    allowed_domains = ['域名列表']
    start_urls = ['网址列表']
    def parse(self, response):
        item=ScrapynameItem()
        item["name"]="值"
        yield item
```

最后，可在 pipelines.py 文件的默认类中，选择相应的方法对传递到管道的数据进行处理，如数据格式的整理、将数据保存至 MySQL 数据库等操作。pipelines.py 文件常用的方法如表 4-16 所示。

表 4-16　pipelines.py 文件常用的方法

方法	描述
__init__(self):	初始化方法，在运行该管道时被调用，可以在方法中进行一些诸如文件的创建、数据库的连接、游标的创建等操作
process_item()	数据操作方法
open_spider(self, spider)	spider 打开时被调用
close_spider(self, spider)	spider 关闭时被调用

其中，process_item()方法中包含的内容即数据操作代码，相关参数说明如表 4-17 所示。

表 4-17　process_item()方法参数说明

参数	描述
item	yield 传送的 Item 对象
spider	爬取 Item 对象的 Spider

需要注意的是，在 process_item()方法中，可以通过“item["字段"]”的方式获取字段的值并对其进行操作，如存储至数据库等，最后通过 return 关键字，将 item 返回。其语法格式如下所示。

```
from itemadapter import ItemAdapter
class ScrapynamePipeline:
```

```
def __init__(self):
    # 初始化内容
def process_item(self, item, spider):
    # 数据操作内容
    # 获取字段值
    name=item["name"]
    return item
def close_spider(self, spider):
    # 关闭时内容
```

任务实施

学习了 Scrapy 框架的概念、操作指令、字段定义、通用参数选择、文本解析，以及内容存储等内容后，本任务将使用 Scrapy 框架实现“新闻公告”页面内容的采集与存储。

微课 4-10 任务实施 爬取第一页

第一步：在浏览器中访问浪潮官网，打开“新闻公告”页面，页面内容如图 4-5 所示。

新闻公告

查看更多 ▸

2022-05-07

浪潮召开2022年会，邹庆忠重点讲了什么？

• 沙利文：浪潮云跻身中国数据管理解决方案市场领导者象限 07-18

近日，国际权威分析机构沙利文（Frost & Sullivan）联合头豹研究院发布了《2021年中国...

查看更多 ▸

• Gartner：浪潮云入选中国云基础设施和平台服务市场标杆厂商 07-13

近日，国际权威IT研究与咨询顾问机构高德纳（Gartner）正式发布《Market Guide fo...

查看更多 ▸

• 浪潮卓数蝉联中国大数据市场领导者象限全国前五 07-13

日前，赛迪顾问（CCID）发布《2021-2022年中国大数据市场研究年度报告》，2021年中国大数...

查看更多 ▸

浪潮云洲连续三年蝉联中国工业互联网平台市场地位、发展能力双料第一 07-08 2022

近日，赛迪顾问发布的《2021-2022年中国工业互联网市场研究年度报告》显示，浪潮云洲位居中国工业互联网平台市场厂商竞争力象限首位。2019年至2021年，连...

Gartner：浪潮服务器全球第二 中国第一 07-05 2022

日前，Gartner发布了2022年第一季度全球及中国服务器市场数据。本季度全球服务器市场出货量为330.5万台，同比增长20.7%；销售额为272.1亿美元，...

Gartner：浪潮存储装机容量全球前三、中国第一 07-05

图 4-5 页面内容

第二步：按“F12”键，进入页面代码查看工具，找到图中内容所在区域并展开页面结构代码，最新的 3 条新闻的页面结构和其他新闻的页面结构分别如图 4-6、图 4-7 所示。

```
▼<div class="g_anno2_newfr fl">
  ▼<div class="g_anno2_ul">
    ▼<div class="g_anno2_li">
      ▼<a href="/lcjtww/445068/445237/2623685/index.html"
       class="clearfix" target="_blank">
         ::before
        ▼<div class="g_anno2_lifl fl">
           ::before
           <h5>沙利文：浪潮云跻身中国数据管理解决方案市场领导者象限
           </h5>
           <p>近日，国际权威分析机构沙利文（Frost & Sullivan）联合
           头豹研究院发布了《2021年中国...</p>
         </div>
        ▼<div class="g_anno2_lifr fl">
           <p class="smDate">07-18</p>
          ▶<div class="mc_a1s3_more">…</div>
         </div>
         ::after
       </a>
     </div>
    ▶<div class="g_anno2_li">…</div>
    ▶<div class="g_anno2_li">…</div>
   </div>
 </div>
```

图 4-6　最新的 3 条新闻的页面结构

```
▼<div>
  ▼<div class="g_anno2bot_li" opentype="page">
    ▼<a href="/lcjtww/445068/445237/2622537/index.html" class="clearf
     ix" target="_blank">
       ::before
      ▼<div class="g_anno2bot_lifl fl">
         <h4>浪潮云洲连续三年蝉联中国工业互联网平台市场地位、发展能力双料第
         一</h4>
        ▼<p>
           "近日，赛迪顾问发布的《2021-2022年中国工业互联网市场研究年度报
           告》显示，浪潮云洲位居中国工业互联网平台市场厂商竞争力象限首位。
           2019年至2021年，连..."
         </p>
       </div>
      ▼<div class="g_anno2bot_lifr fl">
         <p class="smDate">07-08</p>
         <span class="tsDate">2022</span>
       </div>
      ▶<div class="g_anno_fr fr">…</div>
       ::after
     </a>
    ▶<a href="/lcjtww/445068/445237/2622183/index.html" class="clearf
     ix" target="_blank">…</a>
    ▶<a href="/lcjtww/445068/445237/2622019/index.html" class="clearf
     ix" target="_blank">…</a>
    ▶<a href="/lcjtww/445068/445237/2621155/index.html" class="clearf
     ix" target="_blank">…</a>
```

图 4-7　其他新闻的页面结构

第三步：打开命令提示符窗口，使用 startproject 命令创建一个名为“PressRelease”的 Scrapy 项目。命令如下所示。

```
scrapy startproject PressRelease
```

执行上述命令后结果如图 4-8 所示。

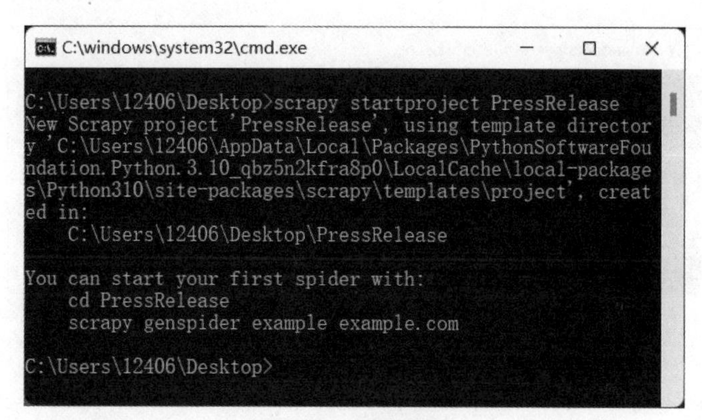

图 4-8 创建项目

第四步：打开 PressRelease 项目，进入 items.py 文件，在 PressreleaseItem 类中通过 scrapy.Field()方法进行爬取字段的自定义。代码如下所示。

```
import scrapy
class PressreleaseItem(scrapy.Item):
    # 标题
    title = scrapy.Field()
    # 内容
    content = scrapy.Field()
    # 日期
    day = scrapy.Field()
    # 年份
    year = scrapy.Field()
```

第五步：修改配置文件，进入 settings.py 文件，将 robots.txt 策略设置为不采用，并添加 ITEM_PIPELINES 参数开启管道。代码如下所示。

```
ROBOTSTXT_OBEY = False
ITEM_PIPELINES = {
   'PressRelease.pipelines.PressreleasePipeline': 300,
}
```

第六步：切换到命令提示符窗口，进入 PressRelease 项目，使用 genspider 命令在 spiders 目录中创建一个名为 MySpider 的爬虫文件。命令如下所示。

```
cd PressRelease
scrapy genspider MySpider https://***.inspur.com/lcjtww/
```

执行上述命令后结果如图 4-9 所示。

图 4-9　创建爬虫文件

第七步：打开 spiders 目录下的 MySpider 爬虫文件，使用默认的 scrapy.Spider 通用参数，并在 start_urls 中设置被爬取的页面 URL。代码如下所示。

```
import scrapy
class MyspiderSpider(scrapy.Spider):
    name = 'MySpider'
    allowed_domains = ['***.inspur.com']
    start_urls = ['https://***.inspur.com/lcjtww/445068/445237/']
    def parse(self, response):
        print("response: ", response)
        pass
```

输入“scrapy crawl MySpider”命令运行项目，若不出现错误则说明设置成功，如图 4-10 所示。

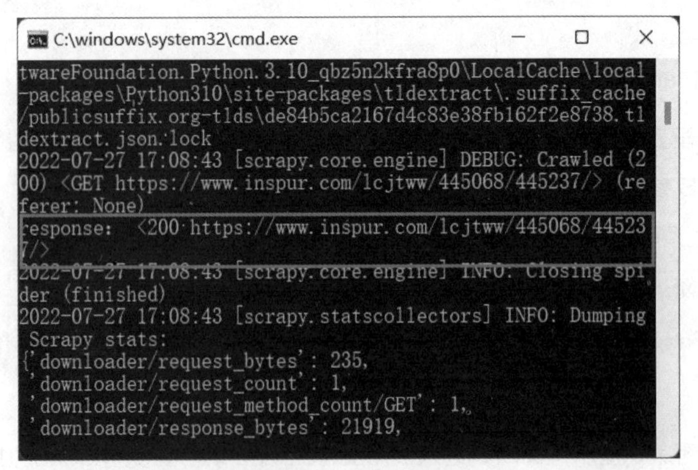

图 4-10　运行项目

第八步：在 parse()方法中对返回的 Response 对象进行解析，并构造 Selector 实例和新闻信息的 Item 容器对象，代码如下所示。

```
import scrapy
# 从 scrapy.selector 中导入 Selector
from scrapy.selector import Selector
# 导入 items.py 文件中定义的类
from PressRelease.items import PressreleaseItem
class MyspiderSpider(scrapy.Spider):
    name = 'MySpider'
    allowed_domains = ['***.inspur.com']
    start_urls = ['https://***.inspur.com/lcjtww/445068/445237/']
    def parse(self, response):
        # 构造 Selector 实例
        sel = Selector(response)
        # 构造新闻信息的 Item 容器对象
        item = PressreleaseItem()
```

第九步：通过 CSS 选择器和 XPath 选择器提取页面中的数据，包括新闻标题、新闻内容、新闻链接、新闻日期、发布年份，并交给管道文件进行进一步处理。代码如下所示。

```
# 新闻标题
item["title"] = sel.xpath('//div[@class="g_anno2_lifl fl"]/h5/text() | //div[@class=
"g_anno2bot_li"]/a[@class="clearfix"]/div[@class="g_anno2bot_lifl fl"]/h4/text()').extract()
print(item["title"])
# 新闻内容
item["content"] = sel.xpath('//div[@class="g_anno2_lifl fl"]/p/text() | //div[@class=
"g_anno2bot_li"]/a[@class="clearfix"]/div[@class="g_anno2bot_lifl fl"]/p/text()').extract()
print(item["content"])
# 新闻链接
item["url"] = sel.css('a.clearfix::attr(href)').extract()
print(item["url"])
# 新闻日期
smDate = []
day = sel.css('p.smDate::text').extract()
for i in day:
```

```
        smDate.append(i[5:])
    item["day"] = smDate
    print(item["day"])
    # 发布年份
    tsDate = []
    year = sel.css('span.tsDate::text').extract()
    for i in year:
        tsDate.append(i[0:4])
    item["year"] = tsDate
    print(item["year"])
    # 交给管道文件
    yield item
```

执行上述代码，运行结果如图 4-11 所示。

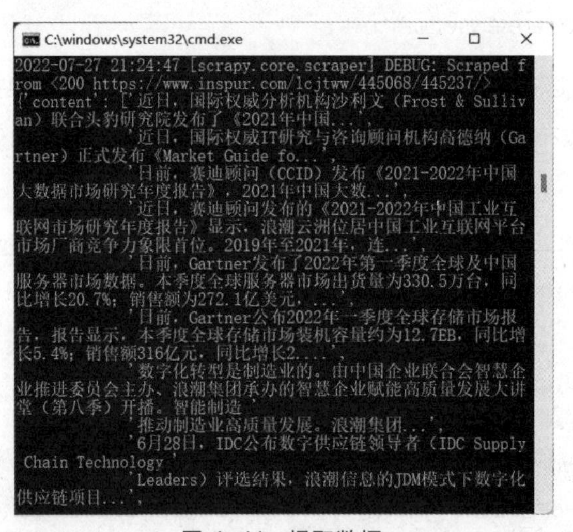

图 4-11　提取数据

第十步：分析下一页区域的页面结构，存在下一页与不存在下一页的页面结构分别如图 4-12、图 4-13 所示。

```
▼<div class="Pagination_x">
  ▼<a style="cursor:pointer;color:#000;" onclick="queryArticleByCondition(this,'/lcjtww/445068/445237/d3e9ea6d-18.html')" tagname="/lcjtww/445068/445237/d3e9ea6d-18.html" class="pagingNormal Pagination_sa">
      <span class="Pagination_pc">></span>
      <span class="Pagination_ph">下一页</span>
    </a>
  </div>
```

图 4-12　存在下一页的页面结构

```
▼<div class="Pagination_x">
  ▼<a tagname="[NEXTPAGE]" class="Pagination_sa">
     <span class="Pagination_pc">></span>
     <span class="Pagination_ph">下一页</span>
   </a>
</div>
```

图 4-13　不存在下一页的页面结构

第十一步：对下一页内容进行爬取，只需判断下一页所在标签的 tagname 属性是否存在下一页的 URL；如果存在，则构造下一页的 URL，并通过 scrapy.Request()方法提交请求。代码如下所示。

```
# 获取下一页的 URL
next_url=sel.css('div.Pagination_x a.Pagination_sa::attr(tagname)').extract_first()
# 判断若不是最后一页
if next_url!="[NEXTPAGE]":
    # 构造下一页 URL
    url="https://***.inspur.com"+next_url
    # 构造下一页新闻信息的爬取
    yield scrapy.Request(url=url, callback=self.parse)
```

微课 4-11　任务实施 分页爬取

执行上述代码，运行结果如图 4-14 所示。

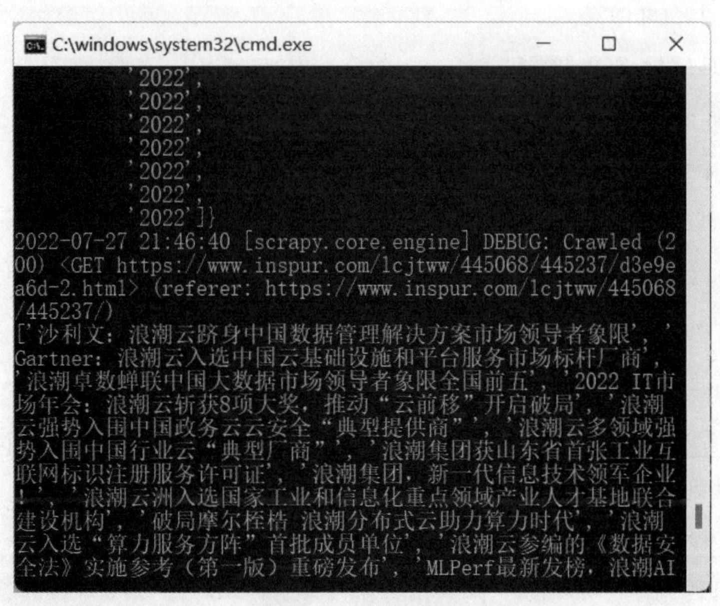

图 4-14　多页提取

第十二步：在名为"mysql"的 MySQL 数据库中，创建一个用于存储数据的表"press_release"。命令如下所示。

```
CREATE TABLE `press_release` (
  `id` int(11) NOT NULL AUTO_INCREMENT,
  `title` varchar(255) CHARACTER SET utf8 NOT NULL,
  `content` varchar(255) CHARACTER SET utf8 DEFAULT NULL,
  `day` varchar(255) CHARACTER SET utf8 DEFAULT NULL,
  `year` varchar(255) CHARACTER SET utf8 DEFAULT NULL,
  `url` varchar(255) CHARACTER SET utf8 DEFAULT NULL,
  PRIMARY KEY (`id`,`title`),
  UNIQUE KEY `title` (`title`)
) ENGINE=InnoDB AUTO_INCREMENT=1057 DEFAULT CHARSET=latin1;
```

微课 4-12　任务实施　数据存储

第十三步：进入 pipelines.py 文件，导入 PyMySQL 模块，之后，在 PressreleasePipeline 类的 def__init__(self)初始化方法中添加数据库连接。代码如下所示。

```
from itemadapter import ItemAdapter
import pymysql
class PressreleasePipeline:
    # 初始化
    def __init__(self):
        # 连接 MySQL 数据库
        self.connect = pymysql.connect(host="192.168.0.136", user="root", password=
"123456", database="mysql", charset='utf8')
        # 创建游标
        self.cursor = self.connect.cursor()
    def process_item(self, item, spider):
        return item
```

第十四步：修改 process_item()方法，通过 get()方法获取数据并进行容错处理，之后，将处理后的数据存储到 press_release 表中。代码如下所示。

```
def process_item(self, item, spider):
    # 容错处理
    title = item.get("title", "N/A")
    content = item.get("content", "N/A")
    day = item.get("day", "N/A")
```

```
        year = item.get("year", "N/A")
        url = item.get("url", "N/A")
        # 遍历数据
        for i in range(int(len(title))):
            # 插入数据
            sql= "insert into press_release(title,content,day,year,url) values(%s,%s,%s,%s,%s)"
            self.cursor.execute(sql, (title[i], content[i], day[i], year[i], url[i]))
            # 提交 SQL 语句
            self.connect.commit()
        return item
```

第十五步：添加 close_spider()方法，编写数据库连接关闭代码，并输出“数据库连接已关闭！”。代码如下所示。

```
    def close_spider(self, spider):
        # 关闭数据库连接
        self.connect.close()
        print("数据库连接已关闭！")
```

执行上述代码，运行结果如图 4-15 所示。

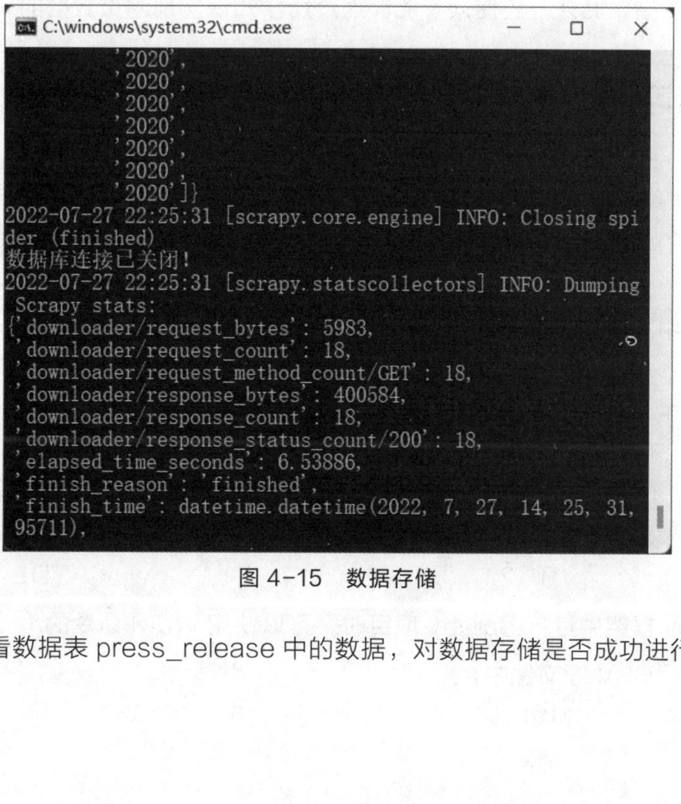

```
C:\windows\system32\cmd.exe
        '2020',
        '2020',
        '2020',
        '2020',
        '2020',
        '2020',
        '2020']}
2022-07-27 22:25:31 [scrapy.core.engine] INFO: Closing spi
der (finished)
数据库连接已关闭!
2022-07-27 22:25:31 [scrapy.statscollectors] INFO: Dumping
 Scrapy stats:
{'downloader/request_bytes': 5983,
 'downloader/request_count': 18,
 'downloader/request_method_count/GET': 18,
 'downloader/response_bytes': 400584,
 'downloader/response_count': 18,
 'downloader/response_status_count/200': 18,
 'elapsed_time_seconds': 6.53886,
 'finish_reason': 'finished',
 'finish_time': datetime.datetime(2022, 7, 27, 14, 25, 31,
 95711),
```

图 4-15　数据存储

第十六步：查看数据表 press_release 中的数据，对数据存储是否成功进行验证，如图 4-16 所示。

id	title	content	day	year	url
1	沙利文：浪潮云跻身	近日，国际权威分析	07-18	2022	/lcjtww/44506
2	Gartner：浪潮云入	近日，国际权威IT研	07-13	2022	/lcjtww/44506
3	浪潮卓数蝉联中国大	日前，赛迪顾问（C(	07-13	2022	/lcjtww/44506
4	浪潮云洲连续三年蝉	近日，赛迪顾问发布	07-08	2022	/lcjtww/44506
5	Gartner：浪潮服务	日前，Gartner发布	07-05	2022	/lcjtww/44506
6	Gartner：浪潮存储	日前，Gartner公布	07-05	2022	/lcjtww/44506
7	浪潮集团董事长邹庆	数字化转型是制造业	06-30	2022	/lcjtww/44506
8	浪潮信息获得IDC数	6月28日，IDC公布	06-28	2022	/lcjtww/44506
9	赛迪顾问：浪潮云蝉	近日，赛迪顾问正式	06-24	2022	/lcjtww/44506
10	浪潮参加跨国公司领	浪潮参加跨国公司领	06-20	2022	/lcjtww/44506
11	浪潮以科技之力，“	6月13日至19日	06-16	2022	/lcjtww/44506
12	IDC: 浪潮AI服务器	近日，根据IDC最新	06-15	2022	/lcjtww/44506
13	赛迪顾问发布中国P	赛迪顾问发布中国Pa	06-14	2022	/lcjtww/44506
14	IDC 2021边缘服务	日前，国际数据机构	06-13	2022	/lcjtww/44506
15	浪潮云连续8年蝉联	近日，赛迪顾问正式	06-13	2022	/lcjtww/44506
16	源1.0大模型登顶中	浪潮"源1.0"大模型登	06-09	2022	/lcjtww/44506
17	科技赋能小微企业，	并正式推出小微企业	05-31	2022	/lcjtww/44506
18	企业级PaaS平台再	会上发布了新一代企	05-27	2022	/lcjtww/44506
19	浪潮卓数综合金融服	5月18日，由赛迪顾	05-27	2022	/lcjtww/44506
23	2022 IT市场年会：	浪潮云推动。全面阐	05-23	2022	/lcjtww/44506
24	浪潮云强势入围中国	日前，全球权威咨询	05-23	2022	/lcjtww/44506
25	浪潮云多领域强势入	浪潮云多领域强势入	05-23	2022	/lcjtww/44506

图 4-16　数据查看

项目小结

本项目通过对使用 Scrapy 框架采集网页数据的实现内容的讲解，帮助读者对 Scrapy 框架的相关概念有了初步了解，并对 Scrapy 框架安装、操作命令的使用，以及编写 Scrapy 框架爬虫程序有所了解并掌握，此外，还使读者能够通过所学知识实现网页数据的采集。

课后习题

1. 选择题

（1）一个简单的 Scrapy 框架包含（　　）个主要模块。

A. 1　　B. 3　　C. 5　　D. 7

（2）下列命令中，不属于全局命令是（　　）。

A. fetch　　B. startproject　　C. genspider　　D. crawl

（3）以下不属于 Scrapy 框架中常用的 Spider 通用参数的是（　　）。

A. HTMLFeedSpider　　B. scrapy. Spider

C. CrawlSpider　　D. XMLFeedSpider

（4）Scrapy 框架提供了（　　）种选择器。

A. 1　　B. 2　　C. 3　　D. 4

（5）在 Scrapy 框架中运行 Scrapy 项目时，可以使用 crawl 命令的（　　）参数，将数据保存到本地 JSON、CSV 等文件中。

A. -o　　B. -p　　C. -s　　D. -f

2. 判断题

（1）在 Scrapy 框架中，主要通过 Twisted 同步网络架构的应用实现网络通信的处理工作。(　　)

（2）通过命令的方式，只能将数据以固定的格式存储至指定文件，而通过管道的方式，可以在管道中对数据进行处理后，再进行存储。(　　)

（3）Scrapy 框架是 Python 语言的一个第三方应用程序框架，主要用于爬取网站并从页面中提取结构化数据。(　　)

（4）SPIDER_MODULES 参数用于表示使用 genspider 命令创建新 spider 的模块。(　　)

（5）XPath 能够通过路径表达式从 XML、HTML 等结构化文件中进行节点或节点集的选取。(　　)

3. 简答题

（1）简述 Scrapy 框架中的中间件。

（2）简述 Scrapy 项目的构建流程。

自我评价

通过学习本任务，查看自己是否掌握以下技能，并在表 4-18 中标出已掌握的技能。

表 4-18　技能检测表

评价标准	个人评价	小组评价	教师评价
具备使用 Scrapy 框架进行数据采集的能力			

备注：A. 具备　　B. 基本具备　　C. 部分具备　　D. 不具备

项目5
动态网页访问日志数据采集

项目导言

微课 5-1　项目导言及学习目标

日志是服务器日志的统称，是记录 Web 服务器接收到的处理请求以及运行时产生的错误等各种原始信息的以扩展名.log 结尾的文件。日志中通常包含大量的用户访问网站的信息，如页面响应时间、消耗的流量、访问时间、停留时间、是否访问成功等。网站运营者可通过分析这些信息，对网站运营做出一系列决策。如果想有效地实时收集这些信息，就需要使用日志采集工具。本项目将使用 Flume 和 Kafka 完成日志数据的采集。

思维导图

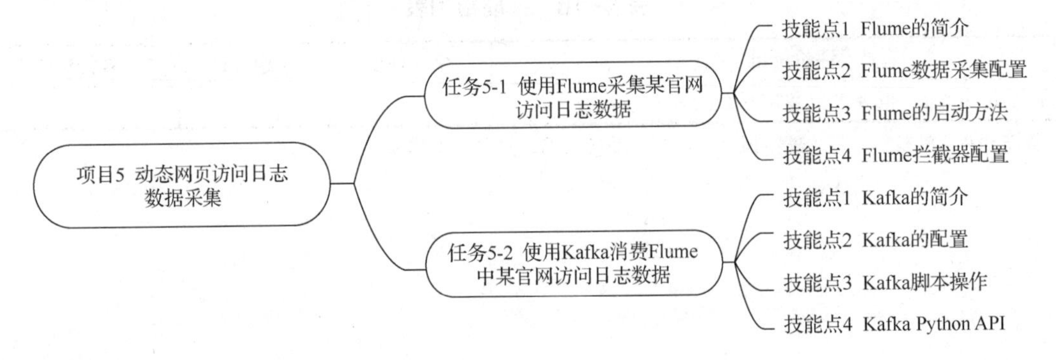

知识目标

- 了解什么是日志采集。
- 熟悉日志数据采集的方法。
- 掌握使用 Flume 进行数据采集的方法。
- 精通使用 Kafka 进行消息订阅发布的方法。

技能目标

- 具备使用 Flume 拦截器过滤数据的能力。

- 具备熟练使用 Kafka 脚本操作的能力。
- 具备使用 Flume 采集日志数据的能力。
- 具备使用 Kafka 进行消息订阅发布的能力。
- 具备使用 Flume+Kafka 架构实现数据采集的能力。

素养目标

- 通过学习 Flume 和 Kafka，培养良好的软件工程思维和项目管理能力。
- 通过 Flume 和 Kafka 采集数据，培养系统集成能力和架构设计思维。

任务 5-1 使用 Flume 采集某官网访问日志数据

任务描述

Flume 是一个高效的日志采集系统，它能够提供快速、可靠的日志采集服务。本任务主要通过对 Flume 日志采集系统的学习，完成对 httpd 服务器日志的采集，并将采集到的日志数据分别保存到 Hadoop 分布式文件系统（Hadoop Distributed File System，HDFS）和本地文件系统。在任务实现过程中，将讲解 Flume 中常用的数据源、通道以及接收器的配置方法，并在任务实施中实现使用 Flume 采集某官网访问日志数据。

素质拓展

终身学习理念与实践在人类发展史中占有重要位置。终身学习既是人们谋生发展的持续动力，也是国家现代化对人力资源开发的必然要求。只有不断地学习，吸收新知识，了解新技术，掌握新的本领，才能开阔新的思路，并且牢牢抓住主动权。

任务技能

技能点 1 Flume 的简介

微课 5-2 Flume 的简介

Flume 是一个由 Cloudera 开发的分布式、高可靠和高可用的海量日志采集系统，具有基于流数据的简单、灵活的架构。Flume 具有可调整的可靠性机制以及故障转移和恢复机制，具有健壮性和容错性。Flume 使用允许在线分析应用程序的简单、可扩展数据模型，可将采集到的数据保存到 HDFS、HBase 等。同时，Flume 支持对数据进行简单处理，并写到各种数据接收方（可定制）的服务。Flume 在 2009 年正式加入 Hadoop 并成为其相关组件之一。目前，Flume 存在两个版本：Flume-og 和 Flume-ng。

Flume-og：随着功能的逐渐增多和完善，其存在的缺点也逐渐暴露出来。Flume-og 部分缺点如下。

- 代码过于“臃肿”。
- 核心组件设计得不合理。
- 核心配置缺乏标准。
- “日志传输”十分不稳定。

2011 年 10 月 22 日，Cloudera 完成了对 Flume-og 核心组件、核心配置以及代码架构的重构，生成新的 Flume 版本 Flume-ng，弥补了 Flume-og 大部分的缺陷，并被 Apache 纳入旗下，Cloudera Flume 自此改名为 Apache Flume。Apache Flume 1.10.0 于 2022 年 6 月 13 日发布。此版本的 Flume 对众多依赖进行了升级，解决了与之相关的通用漏洞披露（Common Vulnerabilities and Exposures，CVE）问题。此版本中包含的增强功能包括添加 LoadBalancingChannelSelector、从远程源（如 Spring Cloud Config Server 等）检索 Flume 配置的能力，以及对复合配置的支持。

1. Flume 三层架构

Flume 由三层架构组成，分别为 Agent 层、Collector 层和 Storage 层。

- Agent 层：包含 Flume 的 Agent 组件，与需要传输数据的数据源进行连接。
- Collector 层：这一层通过多个采集器采集 Agent 层的数据，然后将这些数据转发到下一层。
- Storage 层：接收 Collector 层的数据并存储。

其中，Agent 组件是 Flume 中的核心组件，Flume 是由多个 Agent 组件连接起来形成的数据传输通道。每个 Agent 组件都是一个独立的守护进程（如 JVM 等），负责从数据源接收数据，并发往下一个目的地。Flume Agent 结构如图 5-1 所示。

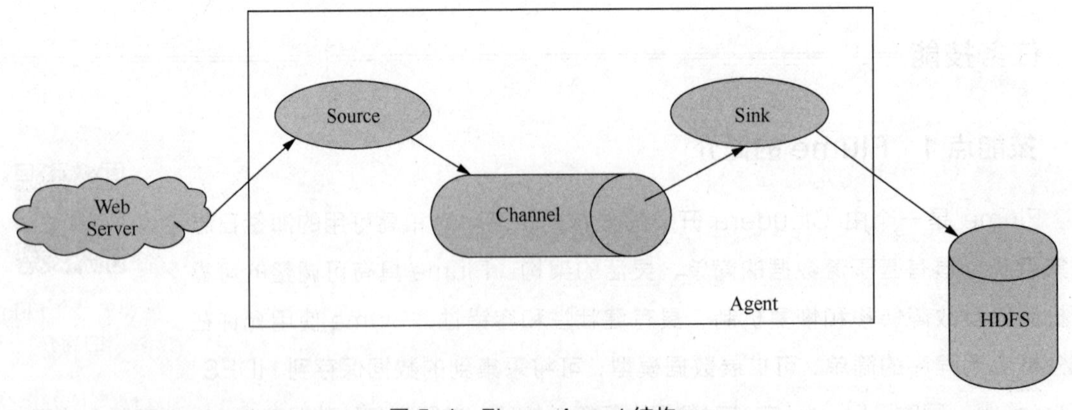

图 5-1 Flume Agent 结构

Flume 中包含的 3 个核心组件分别为 Source、Channel 和 Sink。组件说明如下所示。

（1）Source：采集组件，用于与数据源进行对接以获取数据。Source 支持的数据源包括 Avro、Thrift、Exec、JMS、Spooling Directory、Netcat、Sequence Generator、Syslog、HTTP、Legacy，以及自定义类型。

（2）Channel：缓存区，用于连接 Source 和 Sink，缓存 Source 写入的 Event。

（3）Sink：下沉组件，负责取出 Channel 中的消息数据，将 Channel 中的 Event 数据发送到文件存储系统或服务器等。

Agent 对外有两种交互动作：数据采集、数据下沉。Source 接收到数据之后发送给 Channel，Channel 会作为一个数据缓冲区临时存储这些数据，随后 Sink 会将 Channel 中缓存的数据发送到指定的地方，例如 HDFS 等。注意，只有在 Sink 将 Channel 中的数据成功发送出去之后，Channel 才会将临时数据删除，这种机制保证了数据传输的可靠性与安全性。

2. Flume 的扇入与扇出

（1）扇入（数据流合并）

Flume 日志采集中常见的场景是将客户端大量生成的日志数据发送到存储子系统或消费者代理。例如，从数百个 Web 服务器采集的日志发送到十几个写入 HDFS 集群的代理。这种采集方式称为扇入。扇入模型如图 5-2 所示。

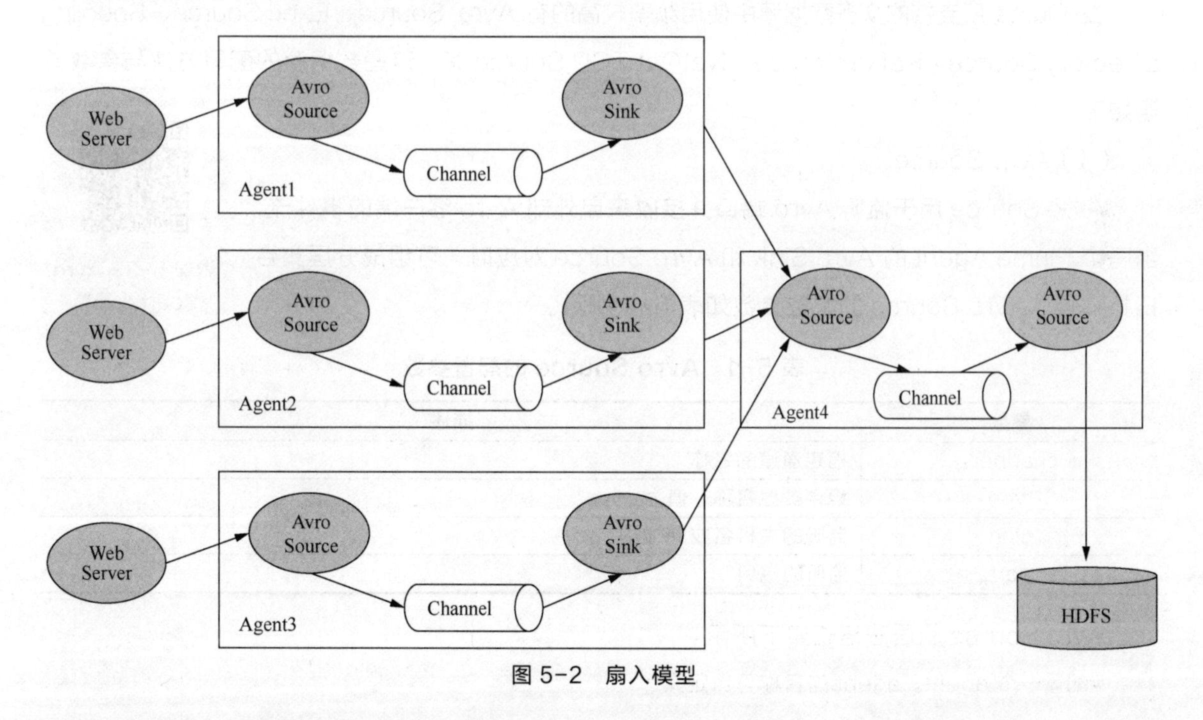

图 5-2　扇入模型

（2）扇出（数据流复用）

Flume 不仅能够同时采集多个服务器的数据到同一个服务器中，还能够将采集的数据分别保存到不同服务器中。扇出模型如图 5-3 所示。

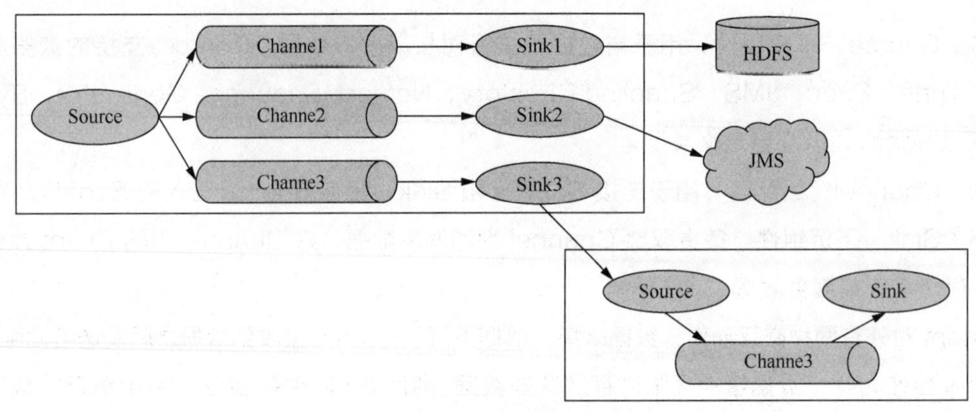

图 5-3　扇出模型

技能点 2　Flume 数据采集配置

Flume 实现数据采集的方式非常简单，只需编辑相应的配置文件对数据源（Source）、通道（Channel）和接收器（Sink）进行设置即可完成特定数据的采集与存储。配置文件是手动创建的、以“.conf”为扩展名的文件，其文件名可根据实际情况设置。

1. 数据源配置

在 Flume 所支持的众多数据源中使用频率较高的有 Avro Source、Exec Source、Spooling Directory Source、Kafka Source、NetCat TCP Source 等。这些数据源的配置方法与参数说明如下。

（1）Avro Source

微课 5-3　Avro Source 配置

Avro Source 用于监听 Avro 端口并接收来自外部 Avro 客户端的事件流。当两个 Flume Agent 的 Avro Sink 和 Avro Source 对应时，可组成分层集合拓扑结构。Avro Source 的配置参数如表 5-1 所示。

表 5-1　Avro Source 的配置参数

参数	描述
channels	指定通道的名称
type	组件类型名称，值为 avro
bind	监听的主机名或 IP 地址
port	监听的端口

Avro Source 的语法格式如下所示。

```
#配置一个 agent，agent 的名称可自定义
#指定 agent 的 sources（如 r1）、channels（如 c1）
a1.sources=r1
a1.channels=c1
a1.sources.r1.type=avro
```

```
a1.sources.r1.channels=c1
a1.sources.r1.bind=0.0.0.0
a1.sources.r1.port = 4141
```

(2) Exec Source

微课 5-4　Exec Source 配置

Exec Source 的配置是指设置一个 Linux 或 UNIX 操作系统命令，通过该命令不断输出数据，当命令进程退出时，Exec Source 也退出，后续将不会再产生数据。Exec Source 和其他异步数据源的问题在于，如果它将事件放入 Channel 失败，则无法保证数据的完整性。Exec Source 的配置参数如表 5-2 所示。

表 5-2　Exec Source 的配置参数

参数	描述
channels	指定通道的名称
type	组件类型名称，值为 exec
command	要执行的命令

Exec Source 的语法格式如下所示。

```
#配置一个 agent，agent 的名称可自定义
#指定 agent 的 sources（如 r1）、channels（如 c1）
a1.sources = r1
a1.channels = c1
a1.sources.r1.type = exec
a1.sources.r1.command = tail -F /var/log/secure
a1.sources.r1.channels = c1
```

(3) Spooling Directory Source

微课 5-5　Spooling Directory Source 配置

Spooling Directory Source 能够通过磁盘中的目录采集数据，当监控的指定目录中出现新文件时，会将新文件作为 Source 进行处理，一旦文件被放到“自动收集”目录中后，便不能修改和重命名。与 Exec Source 的区别在于，Spooling Directory Source 不会丢失数据。Spooling Directory Source 的配置参数如表 5-3 所示。

表 5-3　Spooling Directory Source 的配置参数

参数	描述
channels	指定通道的名称
type	组件类型名称，值为 spooldir
spoolDir	获取文件的目录
fileHeader	是否添加存储绝对路径文件名的文件头

Spooling Directory Source 的语法格式如下所示。

```
#配置一个 agent，agent 的名称可自定义
#指定 agent 的 sources（如 r1）、channels（如 c1）
a1.sources = r1
a1.channels = c1
a1.sources.r1.type = spooldir
a1.sources.r1.channels = c1
a1.sources.r1.spoolDir = /var/log/apache/flumeSpool
a1.sources.r1.fileHeader = true
```

（4）Kafka Source

微课 5-6　Kafka Source 配置

通过配置 Kafka Source，Flume 能够作为 Kafka 的消费者从 Kafka 中读取消息，当有多个 Kafka 源在运行时，可以使用相同的 Consumer Group 以便获取一组唯一的主题分区。目前支持的 Kafka 的服务器版本号从 0.10.1.0 到 2.0.1。Kafka Source 的配置参数如表 5-4 所示。

表 5-4　Kafka Source 的配置参数

参数	描述
channels	指定通道的名称
type	组件类型名称，值为 org.apache.flume.source.kafka.KafkaSource
kafka.bootstrap.servers	Kafka 集群中的 broker 列表
kafka.topics	Kafka 消费者将从中获取消息的以“,”分隔的主题列表
kafka.topics.regex	定义源订阅的主题集的正则表达式。此参数的优先级高于 kafka.topics
batchSize	一批写入 Channel 的最大消息数
batchDurationMillis	将批次写入通道的间隔时间（以 ms 为单位）
kafka.consumer.group.id	消费者组的唯一标识

以“,”分隔的主题列表进行主题订阅的语法格式如下所示。

```
#配置一个 agent，agent 的名称可自定义
#指定 agent 的 sources（如 r1）、channels（如 c1）
a1.sources = r1
a1.channels = c1
a1.sources. r1.type = org.apache.flume.source.kafka.KafkaSource
a1.sources. r1.channels = c1
a1.sources. r1.batchSize = 5000
a1.sources. r1.batchDurationMillis = 000
```

```
a1.sources. r1.kafka.bootstrap.servers = localhost:9092
a1.sources. r1.kafka.topics = test1, test2
a1.sources. r1.kafka.consumer.group.id = custom.g.id
```

通过正则表达式订阅主题的语法格式如下所示。

```
#配置一个 agent，agent 的名称可自定义
#指定 agent 的 sources（如 r1）、channels（如 c1）
a1.sources = r1
a1.channels = c1
a1.sources. r1.type = org.apache.flume.source.kafka.KafkaSource
a1.sources. r1.channels = c1
a1.sources. r1.kafka.bootstrap.servers = localhost:9092
a1.sources. r1.kafka.topics.regex = ^topic[0-9]$
```

（5）NetCat TCP Source

NetCat TCP Source 的功能是监听指定端口并将每一行文本转换为一个事件。它与命令 nc -k -l [host] [port]类似，接收的数据是以换行符分隔的文本，由它处理后，每一行文本都会变成一个 Flume 事件并通过连接的通道发送。NetCat TCP Source 的配置参数如表 5-5 所示。

微课 5-7 NetCat TCP Source 配置

表 5-5 NetCat TCP Source 的配置参数

参数	描述
channels	指定通道的名称
type	组件类型名称，值为 netcat
bind	绑定 IP 地址
port	绑定端口号

NetCat TCP Source 的语法格式如下所示。

```
#配置一个 agent，agent 的名称可自定义
#指定 agent 的 sources（如 r1）、channels（如 c1）
a1.sources = r1
a1.channels = c1
a1.sources.r1.type = netcat
a1.sources.r1.bind = 0.0.0.0
a1.sources.r1.port = 6666
a1.sources.r1.channels = c1
```

2. 通道配置

通道是事件在代理上暂存的存储库。通道由 Source 添加事件，最后由 Sink 删除。Flume 中常用的通道包括 Memory Channel（内存通道）、File Channel（文件通道）。通道的配置方法与参数说明如下。

（1）Memory Channel

使用内存作为数据源与接收器之间的保留区称为内存通道，其内存速度比磁盘的快数倍，所以数据传输的速度也随之加快。由于内存属于随机存储数据并不会永久保存，当遇到断电、硬件故障等导致 Flume 采集中断时，数据会丢失。Memory Channel 的配置参数如表 5-6 所示。

微课 5-8 Memory Channel 配置

表 5-6 Memory Channel 的配置参数

参数	描述
type	组件类型名称，需要设置为 memory
capacity	Channel 里存放的最大事件数，默认为 100
transactionCapacity	Channel 每次提交的事件数量，默认为 100
byteCapacityBufferPercentage	指定 Memory Channel 的总内存容量中用于缓冲区的百分比
byteCapacity	设置通道中所有事件在内存中的大小总和

Memory Channel 的语法格式如下所示。

```
a1.channels = c1
a1.channels.c1.type = memory
a1.channels.c1.capacity = 10000
a1.channels.c1.transactionCapacity = 10000
a1.channels.c1.byteCapacityBufferPercentage = 20
a1.channels.c1.byteCapacity = 800000
```

（2）File Channel

使用磁盘作为数据源与接收器之间的保留区称为文件通道。由于文件通道使用的是磁盘，所以会比内存通道的速度慢。文件通道的优点在于，当遇到断电、硬件故障等导致 Flume 采集中断时，重启 Flume 并不会造成数据丢失。File Channel 的配置参数如表 5-7 所示。

表 5-7 File Channel 的配置参数

参数	描述
type	组件类型名称，需要设置为 file
checkpointDir	存储检查点文件的目录
dataDirs	用于存储日志文件。在不同磁盘上使用多个目录可以提高文件通道的性能

File Channel 的语法格式如下所示。

```
a1.channels = c1
a1.channels.c1.type = file
a1.channels.c1.checkpointDir = /mnt/flume/checkpoint
a1.channels.c1.dataDirs = /mnt/flume/data
```

3. 接收器配置

使用 Flume Sinks 可将接收到的数据最终下沉到指定位置，其中，常用接收器包括 HDFS Sink、Hive Sink、Avro Sink、File Roll Sink。各接收器的配置方法与参数说明如下。

微课 5-9 HDFS Sink 配置

（1）HDFS Sink

HDFS Sink 可以将数据写入 HDFS，并支持创建文本和序列文件。使用此接收器需要安装 Hadoop，以便 Flume 与 HDFS 集群进行通信。HDFS Sink 的配置参数如表 5-8 所示。

表 5-8 HDFS Sink 的配置参数

参数	默认值	描述
channel	—	指定通道的名称
type	—	组件类型名称，需要为 HDFS
hdfs.path	—	写入 HDFS 的路径（必选）
hdfs.filePrefix	FlumeData	文件名前缀
hdfs.fileSuffix	—	文件名后缀
hdfs.inUsePrefix	—	用于 Flume 主动写入的临时文件的前缀
hdfs.inUseSuffix	.tmp	用于 Flume 主动写入的临时文件的后缀
hdfs.rollInterval	30	按时间生成 HDFS 文件，单位为 s
hdfs.rollSize	1024	触发滚动的文件大小，以字节为单位（0 表示从不根据文件大小进行滚动）
hdfs.rollCount	10	按事件数量生成新文件
hdfs.idleTimeout	0	关闭空闲文件的超时（0 表示禁用自动关闭空闲文件）
hdfs.fileType	SequenceFile	文件格式。包括 SequenceFile、DataStream、Compressed Stream
hdfs.writeFormat	Writable	写文件的格式。包括 Text、Writable
hdfs.round	false	是否对时间戳四舍五入
hdfs.roundValue	1	将其四舍五入到最高倍数
hdfs.roundUnit	second	向下取整的单位，可选值包括 second、minute 以及 hour
hdfs.minBlockReplicas	—	设置 HDFS 块的副本数，默认采用 Hadoop 的配置
hdfs.useLocalTimeStamp	False	在替换转义序列时使用本地时间（而不是事件头中的时间戳）

HDFS Sink 能够根据时间、数据大小、事件数定期滚动文件（关闭当前文件并创建新文件）或按时间戳、事件起源的机器等属性对数据进行存储或分区。此时，在 hdfs.path 设置中会包含

格式转义序列，这些转义序列将被 HDFS 接收器替换以生成目录名或文件名来存储事件。HDFS Sink 支持的转义序列如表 5-9 所示。

表 5-9　HDFS Sink 支持的转义序列

转义序列	描述
%{host}	主机名
%t	以 ms 为单位的 UNIX 时间
%a	语言环境的简短工作日名称（周一，周二，……）
%A	语言环境的完整工作日名称（星期一，星期二，……）
%b	语言环境的简短月份名称（Jan，Feb，……）
%B	语言环境的完整月份名称（一月，二月，……）
%c	语言环境的日期和时间（如 2005 年 3 月 3 日星期四 23:05:25）
%d	一个月中的某一天（如 01）
%e	没有填充的月份中的某一天（如 1）
%D	日期，格式与%m、%d、%y 相同
%H	小时，24 小时制（00，01，…，23）
%I	小时，12 小时制
%j	一年中的一天（001，002，…，366）
%k	小时（0，1，…，23）
%m	月份（01，02，…，12）
%n	简短月份（1，2，…，12）
%M	分钟（00，01，…，59）
% p	语言环境相当于 AM 或 PM
%s	自 1970-01-01 00:00:00 UTC 以来的秒数
%S	秒（00，01，…，59）
%y	年份的最后两位数字（00，01，…，99）
%Y	年（如 2022）

HDFS Sink 的语法格式如下所示。

```
a1.channels = c1
a1.sinks = k1
a1.sinks.k1.type = hdfs
a1.sinks.k1.channel = c1
a1.sinks.k1.hdfs.path = /flume/events/%Y-%m-%d/%H%M/%S
a1.sinks.k1.hdfs.filePrefix = events-
a1.sinks.k1.hdfs.round = true
a1.sinks.k1.hdfs.roundValue = 10
a1.sinks.k1.hdfs.roundUnit = minute
```

该配置按时间戳向下舍入到最后 10 分钟。例如，时间戳为 2022 年 7 月 26 日上午 11:54:34 的事件，在 HDFS 中保存的路径为/flume/events/2012-07-26/1150/00。

（2）Hive Sink

微课 5-10　Hive Sink 配置

Hive Sink 能够将包含特定分隔符的文件或 JSON 数据的事件流传输到 Hive 表中。由于事件是基于 Hive 事务编写的，所以一旦 Flume 将一组事件提交到 Hive 后，在 Hive 表中可立即查询。需要注意的是，使用 Hive Sink 时需要将 Hive 表创建为事务表，并开始 Hive 的事务。Hive Sink 的配置参数如表 5-10 所示。

表 5-10　Hive Sink 的配置参数

参数	默认值	描述
channel	—	指定通道的名称
type	—	组件类型名称
hive.metastore	—	Hive Metastore URL（例如，thrift://abcom:9083）
hive.database	—	Hive 数据库名称
hive.table	—	Hive 中的表名称
hive.partition	—	指定要将数据写入的 Hive 表的分区信息。可以使用逗号分隔的分区值列表来标识要写入的分区。例如：如果表按“continent: string, country:string, time: string”分区，则“Asia,India,2014-02-26-01-21”将表示“continent=Asia,country=India,time=2014 -02-26-01-21”
heartBeatInterval	240	设置以秒为单位的心跳检测时间间隔，设置为 0 表示禁用心跳检测
autoCreatePartitions	true	Flume 将自动创建必要的 Hive 分区
batchSize	15000	在单个 Hive 事务中写入 Hive 的最大事件数
maxOpenConnections	500	打开链接的最大数量，如果超过此数量，则关闭最近最少使用的链接
callTimeout	10000	Hive 和 HDFS 的 I/O 操作的超时时间，单位为秒
serializer		序列化器，负责从事件中解析出字段并映射到表中的列
roundUnit	minute	向下取整的单位，可选值包括 second、minute、hour
roundValue	1	向下舍入到此的最高倍数（在使用 hive.roundUnit 配置的单位中），小于当前时间
timeZone	Local Time	用于解析分区中的转义序列的时区名称，例如 America/Los_Angeles
useLocalTimeStamp	False	在替换转义序列时使用本地时间（而不是事件标头中的时间戳）

Hive Sink 提供了两种序列化程序，用于将数据映射到 Hive 中的表并与表中列名对应。这两种序列化程序分别为 JSON 序列化程序和 DELIMITED 序列化程序。

- JSON 序列化程序：用于处理以 UTF-8 为编码方式的 JSON 事件，JSON 中的对象名称会直接映射到 Hive 表中具有相同名称的列。
- DELIMITED 序列化程序：用于处理使用特定字符作为列分隔符的文本、对文本中使用的列分隔符与 Hive 表中字段映射关系等进行配置。DELIMITED 序列化程序配置参数如表 5-11 所示。

表 5-11　DELIMITED 序列化程序配置参数

参数	默认值	描述
serializer.delimiter	,	传入数据中的字段分隔符。使用特殊字符，需使用双引号，如“\t”
serializer.fieldnames	—	配置需要输入数据的 Hive 表中的列名列表，列表使用逗号分隔。若需要跳过字段，则不指定列名即可，如'time,ip,message'
serializer.serdeSeparator	Ctrl-A	自定义底层 serde 使用的分隔符

Hive Sink 支持 HDFS Sink 中除%e 和%n 以外的所有转义序列，详情见表 5-9。

Hive Sink 的语法格式如下所示。

```
a1.channels = c1
a1.channels.c1.type = memory
a1.sinks = k1
a1.sinks.k1.type = hive
a1.sinks.k1.channel = c1
a1.sinks.k1.hive.metastore = thrift://127.0.0.1:9083
a1.sinks.k1.hive.database = logsdb
a1.sinks.k1.hive.table = weblogs
a1.sinks.k1.hive.partition = asia,%{country},%Y-%m-%d-%H-%M
a1.sinks.k1.useLocalTimeStamp = false
a1.sinks.k1.round = true
a1.sinks.k1.roundValue = 10
a1.sinks.k1.roundUnit = minute
a1.sinks.k1.serializer = DELIMITED
a1.sinks.k1.serializer.delimiter = "\t"
a1.sinks.k1.serializer.serdeSeparator = '\t'
a1.sinks.k1.serializer.fieldnames =id,,msg
```

上述配置将时间戳向下舍入到最后 10 分钟。

（3）Avro Sink

该接收器与 Avro Source 可构成分层架构，发送到此接收器的 Flume 事件将转换为 Avro 事件并发送到配置的主机或端口。Avro Sink 的配置参数如表 5-12 所示。

微课 5-11　Avro Sink 与 File Roll Sink 配置

表 5-12　Avro Sink 的配置参数

参数	默认值	描述
channel	—	指定通道的名称
type	—	组件类型名称，需要为 avro
hostname	—	监听的主机名或 IP 地址
port	—	监听的端口号

Avro Sink 的语法格式如下所示。

```
a1.channels = c1
a1.sinks = k1
a1.sinks.k1.type = avro
a1.sinks.k1.channel = c1
a1.sinks.k1.hostname =  10.10.10.10
a1.sinks.k1.port = 4545
```

（4）File Roll Sink

该接收器能够将事件存储在本地文件系统上。File Roll Sink 的配置参数如表 5-13 所示。

表 5-13　File Roll Sink 的配置参数

参数	默认值	描述
channel	—	指定通道的名称
type	—	组件类型名称，需要为 file_roll
sink.directory	—	存储文件的目录
sink.rollInterval	30	每 30s 滚动一次文件。当值为 0 时会禁用滚动，并会将所有事件写入单个文件

File Roll Sink 的语法格式如下所示。

```
a1.channels = c1
a1.sinks = k1
a1.sinks.k1.type = file_roll
a1.sinks.k1.channel = c1
a1.sinks.k1.sink.directory = /var/log/ flume
```

技能点 3　Flume 的启动方法

微课 5-12
Flume 的启动

启动 Flume 代理，将使用名为“flume-ng”的 Shell 脚本。该脚本位于 Flume 发行版的 bin 目录中。启动 Flume 代理时需要在命令中指定代理名称、配置目录，以及配置文件，并且设置的代理名称要和配置文件中的代理名称一致。启动数据采集的命令如下所示。

```
bin/flume-ng agent --name agent_name --conf conf --conf-file conf/flume-conf.
properties.template
```

启动 Flume 代理的命令参数如表 5-14 所示。

表 5-14　启动 Flume 代理的命令参数

参数	描述
--name	指定 Agent 的名称（必选）
--conf	指定配置文件所在目录
--conf-file	指定配置文件

在“/usr/local/”目录下创建“/inspur/code/flume-code”目录，并在该目录下创建名为“example.conf”的 Flume 的配置文件。在该配置文件中配置名为“a1”的代理，并在端口 4444 上监听数据源，同时，定义在内存中缓冲事件数据的通道，以及一个将事件数据记录到控制台的接收器配置文件内容如下所示。

```
[root@master ~]# cd /usr/local/
[root@master local]# mkdir -p /inspur/code/flume-code
[root@master flume-code]# vim ./example.conf      #配置文件内容如下
# example.conf: 单节点 Flume 配置
# 命名此代理上的组件
a1.sources  =  r1
a1.sinks  =  k1
a1.channels  =  c1
# 描述/配置源
a1.sources.r1.type  =  netcat
a1. sources.r1.bind  =  localhost
a1.sources.r1.port  =  4444
# 描述接收器
a1.sinks.k1.type  =  logger
# 定义在内存中缓冲事件的通道
a1.channels.c1.type  =  memory
a1.channels .c1.capacity  =  1000
a1.channels.c1.transactionCapacity  = 100
```

```
# 将 Source 和 Sink 绑定到 Channel
a1.sources.r1.channels  =  c1
a1.sinks.k1.channel  =  c1
```

example.conf 配置文件内容如图 5-4 所示。

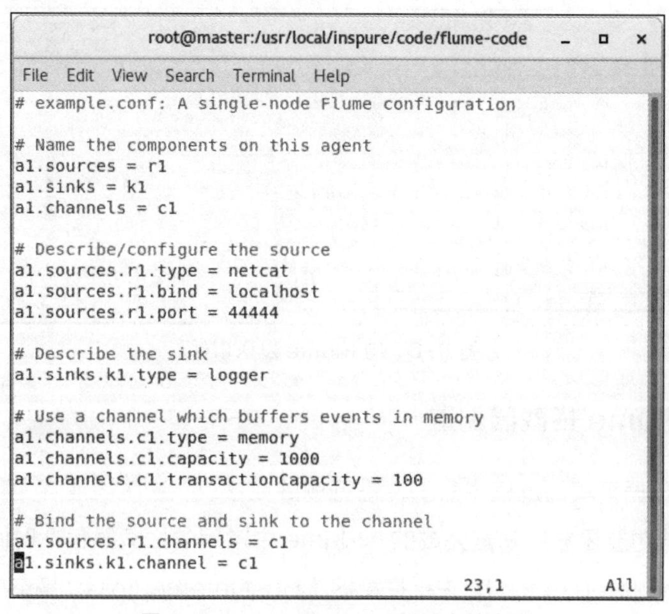

图 5-4　example.conf 配置文件内容

启动 Flume Agent 并进行数据采集。命令如下所示。

```
[root@master flume-code]# cd /usr/local/flume/bin
[root@master bin]#./flume-ng agent --conf conf --conf-file /usr/local/ inspur/code/flume-code/example.conf --name a1
```

执行上述命令，结果如图 5-5 所示。

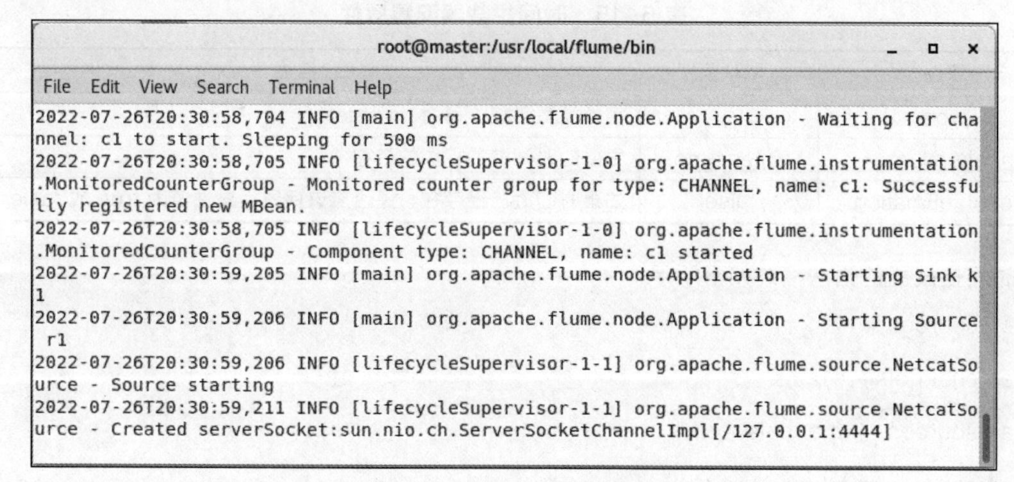

图 5-5　启动 Flume Agent

单独启动另一个终端，使用 telnet 向 Flume 发送事件，启动成功后输入“Hello world!”。命令如下所示。

```
[root@master ~]# telnet localhost 4444
```

原始 Flume 终端将在日志消息中输出事件，如图 5-6 所示。

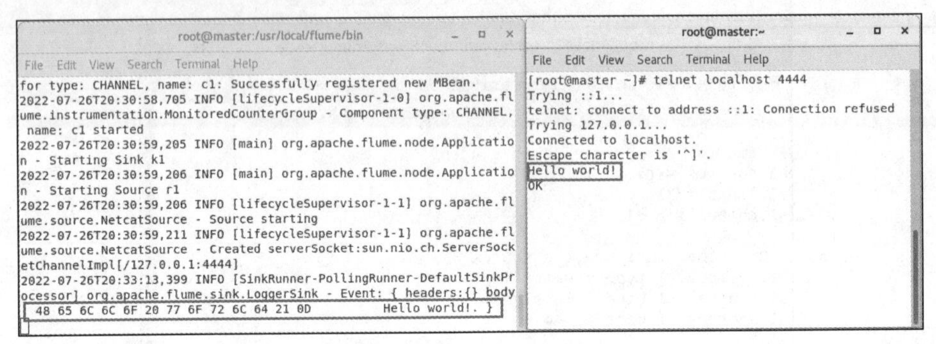

图 5-6　向 Flume 发送事件

技能点 4　Flume 拦截器配置

微课 5-13
Flume 拦截器配置

Flume 能够在数据采集的过程中对事件进行删除或修改，这可被理解为对事件进行过滤。这些功能是靠拦截器完成的，Flume 中常用的拦截器包括时间拦截器（Timestamp Interceptor）、主机拦截器（Host Interceptor）、静态拦截器（Static Interceptor）、搜索和替换拦截器（Search and Replace Interceptor），以及正则表达式过滤拦截器（Regex Filtering Interceptor）。

（1）时间拦截器

时间拦截器将处理事件的时间（以毫秒为单位）插入事件头中，并根据时间戳将数据写入不同文件中。当不使用任何拦截器时，Flume 接收到的只有 message。时间拦截器配置属性如表 5-15 所示。

表 5-15　时间拦截器配置属性

属性	默认值	描述
type	—	组件类型名称，值为 timestamp
headerName	timestamp	生成的时间戳的标头的名称
preserveExisting	false	如果时间戳已经存在，是否应该保留，属性值为 true 或 false

时间拦截器的语法格式如下所示。

```
a1.sources = r1
a1.channels = c1
a1.sources.r1.channels = c1
a1.sources.r1.type = avro
```

```
a1.sources.r1.interceptors = i1
a1.sources.r1.interceptors.i1.type = timestamp
```

（2）主机拦截器

主机拦截器向事件中添加包含当前 Flume 代理的主机名或 IP 地址，主要表现形式为在 HDFS 中显示以 Flume 主机 IP 地址作为前缀的文件名。主机拦截器配置属性如表 5-16 所示。

表 5-16　主机拦截器配置属性

属性	默认值	描述
type	—	组件类型名称，值为 host
preserveExisting	false	配置的主机头已经存在，是否应该保留，属性值为 true 或 false
useIP	true	如果为 true，请使用 IP 地址，否则使用主机名
hostHeader	host	要使用的文件头

主机拦截器的语法格式如下所示。

```
a1.sources = r1
a1.channels = c1
a1.sources.r1.interceptors = i1
a1.sources.r1.interceptors.i1.type = host
```

（3）静态拦截器

静态拦截器能够将具有静态值的静态事件头附加到所有事件。同一个静态拦截器中不能够设置多个事件头，但可以设置多个静态拦截器。静态拦截器配置属性如表 5-17 所示。

表 5-17　静态拦截器配置属性

属性	默认值	描述
type	—	组件类型名称，值为 static
preserveExisting	true	配置的标头已经存在，是否应该保留，属性值为 true 或 false
key	key	事件头名称
value	value	静态值

静态拦截器的语法格式如下所示。

```
a1.sources = r1
a1.channels = c1
a1.sources.r1.channels = c1
a1.sources.r1.type = avro
a1.sources.r1.interceptors = i1
a1.sources.r1.interceptors.i1.type = static
```

```
a1.sources.r1.interceptors.i1.key = datacenter
a1.sources.r1.interceptors.i1.value = NEW_YORK
```

（4）搜索和替换拦截器

搜索和替换拦截器提供基于 Java 正则表达式的字符串的搜索和替换功能。搜索和替换拦截器配置属性如表 5-18 所示。

表 5-18　搜索和替换拦截器配置属性

属性	默认值	描述
type	—	组件类型名称，值为 search_replace
searchPattern	true	要搜索和替换的模式
replaceString	key	替换字符串
charset	value	事件主体的字符集。默认情况下假定为 UTF-8

搜索和替换拦截器的语法格式如下所示。

```
a1.sources.r1.interceptors = search-replace
a1.sources.r1.interceptors.search-replace.type = search_replace
#删除事件正文中的前导字母、数字字符。
a1.sources.r1.interceptors.search-replace.searchPattern = ^[A-Za-z0-9_]+
a1.sources.r1.interceptors.search-replace.replaceString =
```

（5）正则表达式过滤拦截器

正则表达式过滤拦截器通过将事件主体解释为文本，并将文本与配置的正则表达式匹配来完成事件的过滤。正则表达式过滤拦截器配置属性如表 5-19 所示。

表 5-19　正则表达式过滤拦截器配置属性

属性	默认值	描述
type	—	组件类型名称
regex	“*”	用于匹配事件的正则表达式
excludeEvents	false	如果为 true，则正则表达式确定要排除的事件，否则正则表达式确定要包含的事件

正则表达式过滤拦截器的语法格式如下所示。

```
a1.sources.s1.interceptors=i1
a1.sources.s1.interceptors.i1.type=regex_filter
a1.sources.s1.interceptors.i1.regex= (\\d):(\\d):(\\d)
a1.sources.s1.interceptors.i1.excludeEvents=false
```

任务实施

学习了 Flume 日志采集和传输系统，本任务将使用 Flume 的扇出架构，采集 httpd 服务器日志数据到 HDFS 和本地文件系统中。

微课 5-14 任务实施

第一步：安装 httpd 服务器并将创建好的 HTML 页面上传到“/var/www/html”目录下。命令如下所示。

```
[root@master ~]# yum -y install httpd
```

执行上述命令，结果如图 5-7 所示。

图 5-7 安装 httpd 服务器并创建 HTML 页面

第二步：启动 httpd 服务器，并通过 Linux 操作系统的 IP 地址访问该页面。命令如下所示。

```
[root@master html]# service httpd start
```

执行上述命令，结果如图 5-8 所示。

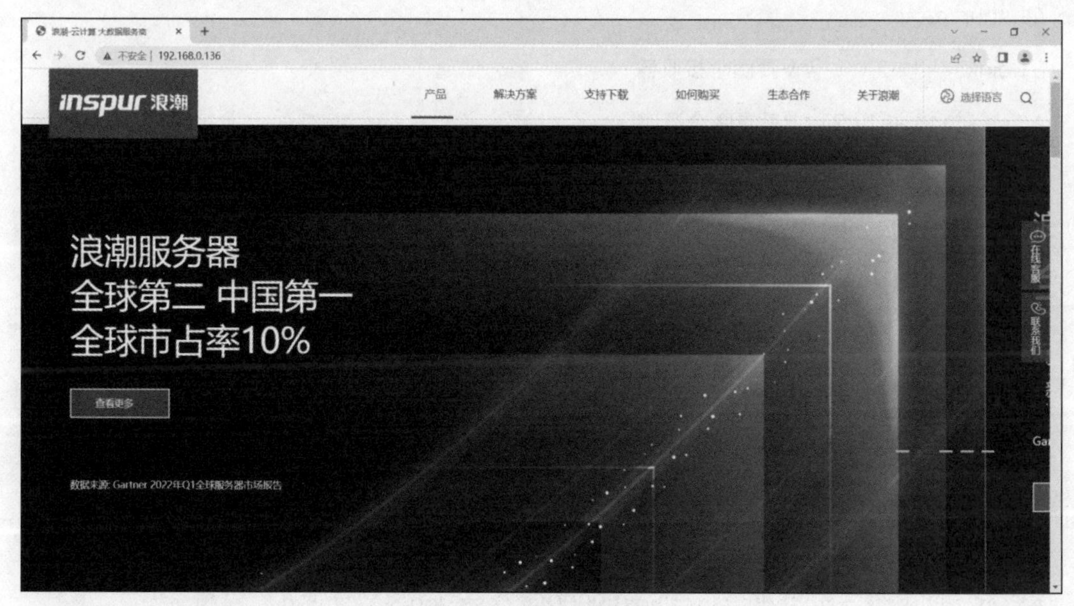

图 5-8 静态页面访问

第三步：查看 httpd 服务器是否生成日志信息。命令如下所示。

```
[root@master ~]# cd /var/log/httpd
[root@master httpd]# cat access_log
```

执行上述命令，结果如图 5-9 所示。

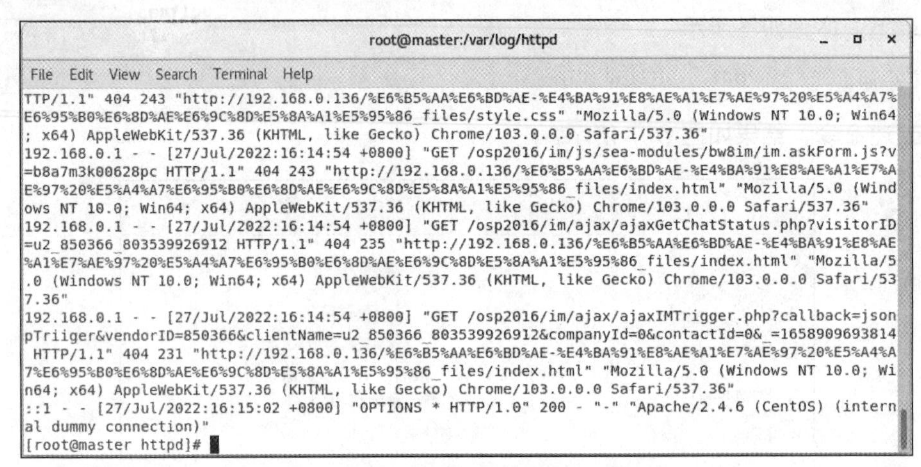

图 5-9　查看 httpd 服务器日志信息

第四步：创建名为“access_log-HDFS-LocalFile.conf”的配置文件，并设置监控 httpd 服务器的日志信息，将数据分别采集到 HDFS 和本地文件系统中。HDFS 每分钟生成一个新数据文件，本地文件系统每 30s 生成一个新数据文件。配置文件内容如下所示。

```
[root@master httpd]# cd /usr/local/inspur/code/flume-code
[root@master flume-code]# vim access_log-HDFS-LocalFile.conf   #配置文件内容如下
a1.sources=r1
a1.sinks=k1 k2       #设置两个接收器
a1.channels=c1 c2    #设置两个通道

a1.sources.r1.type = exec #监控文件
a1.sources.r1.command = tail -F /var/log/httpd/access_log     #Linux 命令
a1.sources.r1.channels=c1 c2 #将源绑定到 c1 和 c2 两个通道
a1.sources.r1.fileHeader = false   #不加存储绝对路径文件名的文件头
#配置 HDFS 接收器
a1.sinks.k1.type=hdfs #设置 HDFS 接收器
a1.sinks.k1.hdfs.useLocalTimeStamp = true #不适用本地时间
a1.sinks.k1.hdfs.path=hdfs://localhost:9000/access-log/%Y%m%d
```

```
a1.sinks.k1.hdfs.fileType=DataStream   #文件类型设置为 DataStream
a1.sinks.k1.hdfs.writeFormat=TEXT   #写文件的格式设置为 TEXT
a1.sinks.k1.hdfs.minBlockReplicas=1 #设置 HDFS 块的副本数为 1
a1.sinks.k1.hdfs.rollInterval=60    #设置每分钟生成一个新文件
a1.sinks.k1.channel=c1 #HDFS 接收器绑定通道 c1
#配置通道 1
a1.channels.c1.type=memory   #内存通道
a1.channels.c1.capacity=10000 # Channel 里存放的最大事件数
a1.channels.c1.transactionCapacity=100 # Channel 每次提交的事件数量
#配置通道 2
a1.channels.c2.type=memory
a1.channels.c2.capacity=10000 # Channel 里存放的最大事件数
a1.channels.c2.transactionCapacity=100 # Channel 每次提交的事件数量
#配置本地文件接收器
a1.sinks.k2.type=file_roll #设置文件接收器
a1.sinks.k2.sink.directory = /usr/local/inspur
a1.sinks.k2.channel=c2 #文件接收器绑定通道 c2
```

access_log-HDFS-LocalFile.conf 的内容如图 5-10 所示。

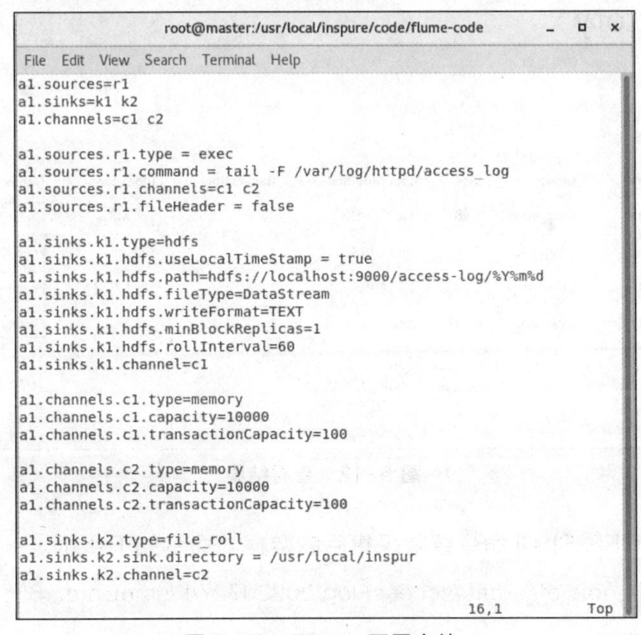

图 5-10　Flume 配置文件

第五步：启动 Flume，监控日志文件并刷新 HTML，查看 HDFS 中是否生成数据文件和文件内容。命令如下所示。

```
[root@master bin]# ./flume-ng agent --conf conf --conf-file /usr/local/inspur/code/flume-code/access_log-HDFS-LocalFile.conf --name a1
```

执行上述命令，结果如图 5-11 所示。

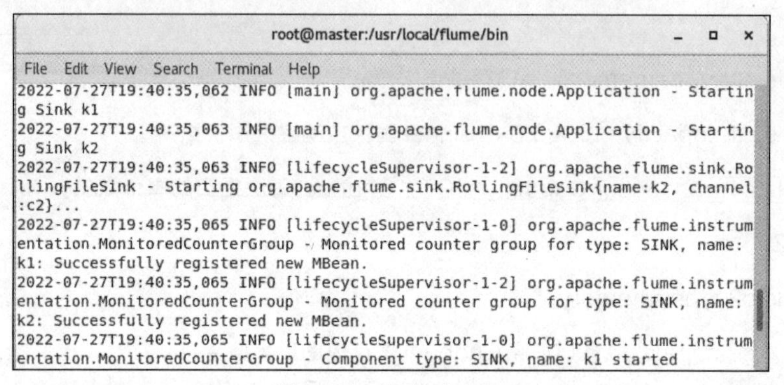

图 5-11　启动 Flume

第六步：使用浏览器访问 httpd 服务器并刷新页面，每次刷新都会生成一条新的日志文件，刷新后登录 Hadoop 的 50070 端口，查看/access-log/20220727 目录下生成的数据文件，如图 5-12 所示。

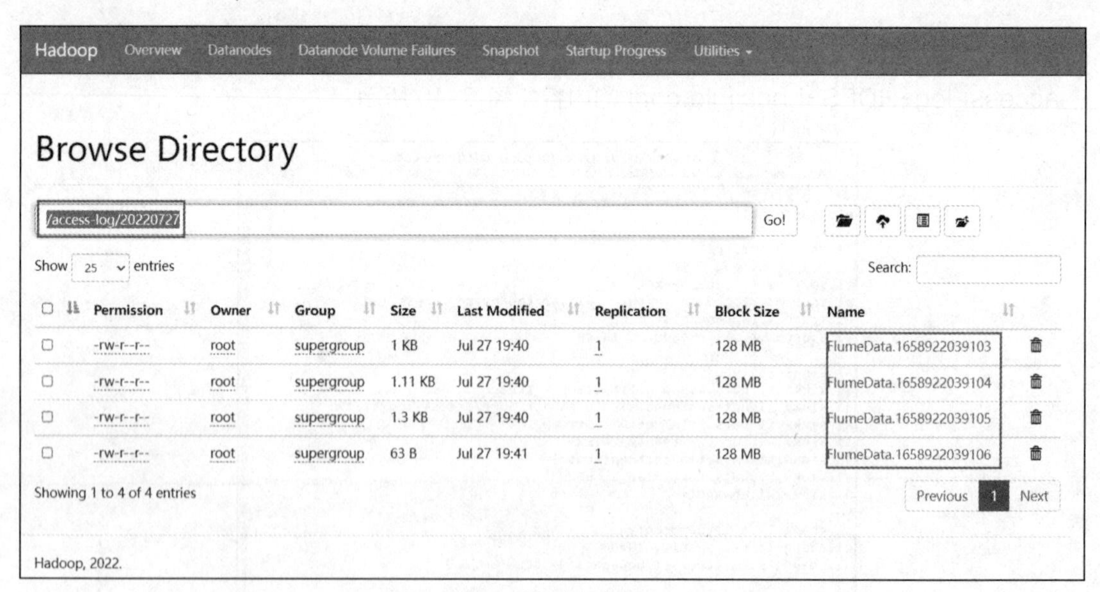

图 5-12　查看结果

第七步：使用 HDFS Shell 命令查看采集后的数据。命令如下所示。

```
[root@master ~]# hdfs dfs -cat /access-log/20220727/FlumeData.1658922332654
```

执行上述命令，结果如图 5-13 所示。

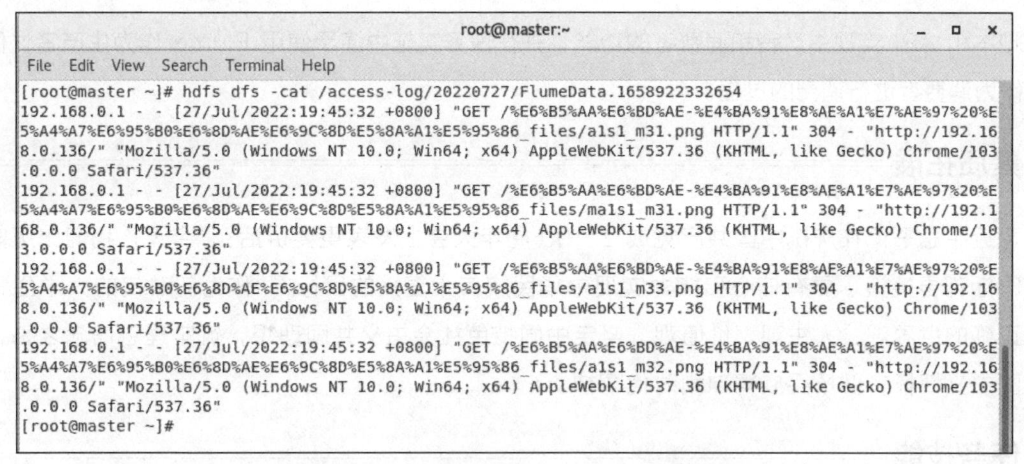

图 5-13　查看采集到 HDFS 中的数据

第八步：查看采集到本地文件系统的数据，进入“/usr/local/inspur/”目录，查看生成的数据文件并输出内容。命令如下所示。

```
[root@master ~]# cd /usr/local/inspur/
[root@master inspure]# cat 1658922035035-18
```

执行上述命令，结果如图 5-14 所示。

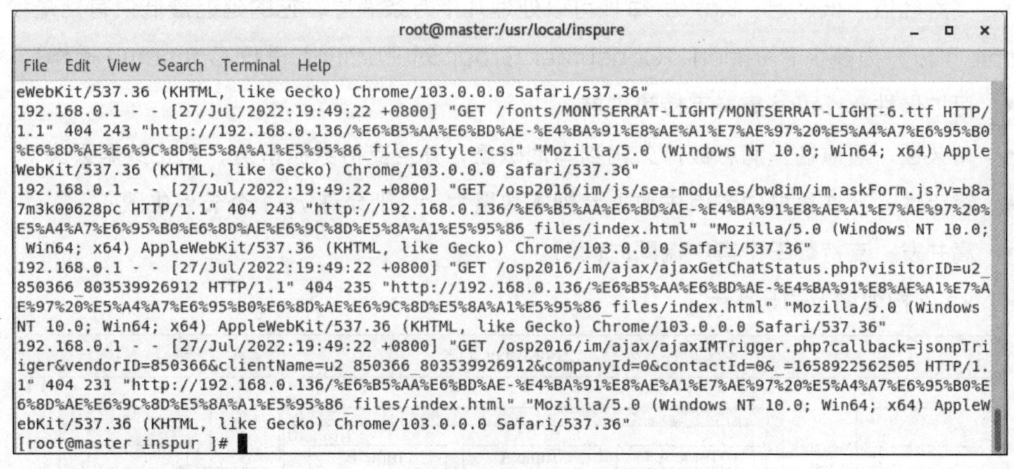

图 5-14　查看采集到本地文件系统的数据

任务 5-2　使用 Kafka 消费 Flume 中某官网访问日志数据

任务描述

Kafka 是一个开源的流处理平台，能够进行分布式消息的订阅与发布。Kafka 使用消息队列的形式，让生产者（消息生产者）在单向队列的末尾添加数据，而多个消费者（消息接收者）从队列依次获取数据并自行处理。这一形式解决了复杂的数据迁移问题。本任务主要通过对 Kafka 分布式消息的订阅与发布系统内容的讲解，完成生产者消费者模型的建立。在任务实现过程中将简单介绍使用脚本和 API 实现生产者和消费者的功能，并在任务实施中演示使用 Flume 作为生产者，使用 API 作为消费者进行消费的过程。

素质拓展

习近平总书记在庆祝中国共产党成立 100 周年大会上发表重要讲话："今天，我们比历史上任何时期都更接近、更有信心和能力实现中华民族伟大复兴的目标。"作为新时代的大学生，要树立正确的世界观、人生观、价值观，坚定中国特色社会主义共同理想，筑牢理想信念之基，厚植爱国主义情怀，弘扬民族精神和时代精神。

任务技能

技能点 1 Kafka 的简介

微课 5-15 Kafka 的简介

Kafka 是由 Apache 软件基金会开发的一个开源流处理平台，是一个快速、可扩展的、分布式的、分区的、可复制的且基于 ZooKeeper 协调的分布式日志系统，用于 Web/Nginx 日志、访问日志、消息服务等。LinkedIn 于 2010 年将 Kafka 贡献给了 Apache 软件基金会，Kafka 成为顶级开源项目。Kafka 的优势如下。

- 高吞吐量、低延迟：Kafka 每秒可以处理几十万条消息，它的延迟最低只有几毫秒，每个 Topic 可以分为多个 Partition，Consumer Group 对 Partition 进行 Consume 操作。
- 可扩展性：Kafka 集群支持热扩展。
- 持久性、可靠性：消息被持久化到本地磁盘，并且支持数据备份，防止数据丢失。
- 容错性：允许集群中节点失败（若副本数量为 n，则允许 $n-1$ 个节点失败）。
- 高并发：支持数千个客户端同时读写。

Kafka 架构如图 5-15 所示。

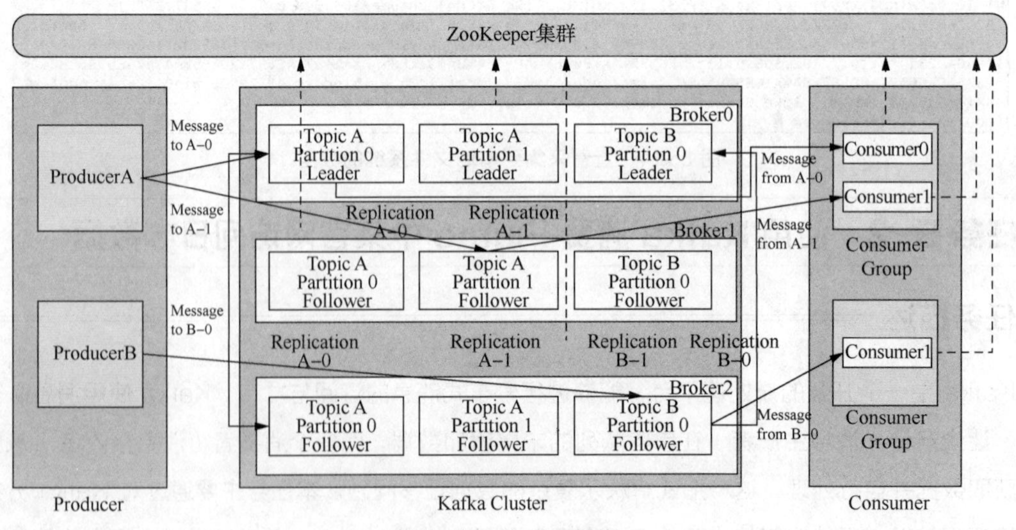

图 5-15 Kafka 架构

- Producer：生产者，用于生产和创建消息，然后将消息发送到 Kafka。
- Consumer：消费者，用于接收消息。消费者连接到 Kafka 并接收消息，进而进行相应的业务逻辑处理。
- Consumer Group：消费者组，可以包含一个或多个消费者。使用多分区多消费者的方式可提高数据的处理速度，同一消费者组中的消费者不会重复消费消息，同样地，不同消费者组中的消费者互不影响。Kafka 通过消费者组的方式实现消息 P2P 模式和广播模式。
- Broker：服务代理节点，是 Kafka 的服务节点，即 Kafka 的服务器。
- Topic：Kafka 中的消息以 Topic 为单位进行划分，生产者将消息发送到特定的 Topic，而消费者负责订阅 Topic 的消息并进行消费。
- Partition：分区，每个分区属于单个主题。同一个主题下不同分区包含的消息是不同的。分区在存储层面可以看作一个可追加的日志（Log）文件，消息在被追加到分区日志文件的时候都会分配一个特定的偏移量（offset）。offset 是消息在分区中的唯一标识，Kafka 通过它来保证分区有序性。
- Replication：副本，保证数据高可用的方式，Kafka 同一 Partition 的数据可以在多 Broker 上存在多个副本，通常只有主副本对外提供读写服务。当主副本所在 Broker 崩溃或发生网络异常，Kafka 会在 Controller 的管理下重新选择新的 Leader 副本对外提供读写服务。
- Record：实际写入 Kafka 中并可以被获取的消息记录。每个 Record 包含了 key、value 和 timestamp。

Kafka 主要应用在大数据处理、日志采集汇总，以及网站活动跟踪等任务中。具体应用场景介绍如下。

- 消息系统：Kafka 是一个优秀的消息系统，与其他消息系统相比，Kafka 具有高吞吐量、多副本和可进行故障转移等特点，便于处理大规模的消息。
- 网站活动追踪：Kafka 最初的设计场景就是用来进行用户活动的追踪，如网站的访问活动等。Kafka 能够将这些活动发布给不同的消费者，以便于对消息进行实时处理或保存到分布式文件系统或离线大数据仓库。
- 日志聚合：日志聚合通常从服务器中收集物理日志文件，并放在中央位置（文件服务器或 HDFS）进行处理。Kafka 抽象出文件的细节，并将日志或事件数据更清晰地抽象为消息流，从而实现更低延迟的处理，以及多个数据源和分布式数据消费。
- 提交日志：Kafka 可以作为一种分布式的外部日志采集器进行节点之间的数据复制，并为失败的节点通过重新同步的方式恢复数据。Kafka 的日志压缩功能可以很好地支持这种用法，这种用法类似于 Apache BookKeeper 项目。

微课 5-16 Kafka 的配置

技能点 2　Kafka 的配置

想要完成单节点单 Broker 的 Kafka 部署需要 ZooKeeper 的支持，所以，需要先安装和配置 ZooKeeper，之后，修改 ZooKeeper 中与 Kafka 相关的配置文件即可，步骤如下。

第一步：将 ZooKeeper 安装包上传到“/usr/local”目录下，解压并重命名为“zookeeper”。命令如下所示。

```
[root@master ~]# cd /usr/local/
[root@master local]# tar xvf apache-zookeeper-3.7.1-bin.tar.gz
[root@master local]# mv apache-zookeeper-3.7.1-bin zookeeper
[root@master local]# ls
```

执行上述命令，结果如图 5-16 所示。

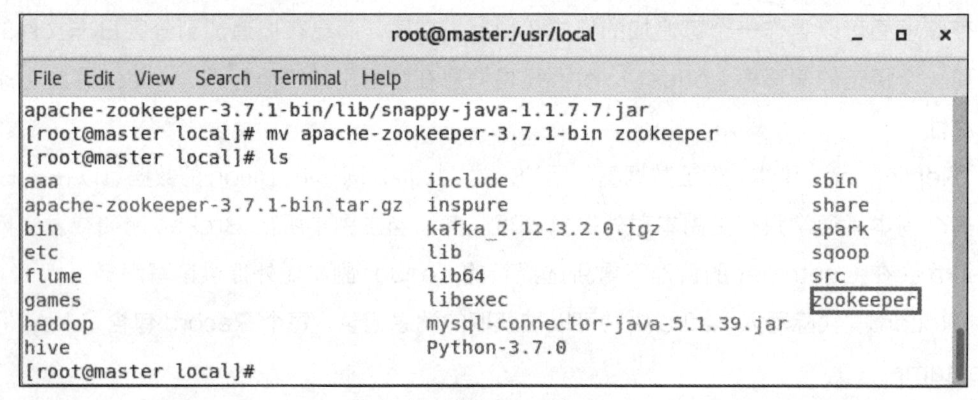

图 5-16　解压 ZooKeeper

第二步：进入 ZooKeeper 安装目录下的“conf”配置文件目录，将模板文件“zoo_sample.cfg”复制粘贴并重命名为“zoo.cfg”。命令如下所示。

```
[root@master local]# cd ./zookeeper/conf/
[root@master conf]# cp zoo_sample.cfg zoo.cfg
[root@master conf]# ll
```

执行上述命令，结果如图 5-17 所示。

```
root@master:/usr/local/zookeeper/conf
File Edit View Search Terminal Help
[root@master local]# cd ./zookeeper/conf/
[root@master conf]# cp zoo_sample.cfg zoo.cfg
[root@master conf]# ll
total 16
-rw-r--r-- 1 master master  535 May  7 14:44 configuration.xsl
-rw-r--r-- 1 master master 3435 May  7 14:44 log4j.properties
-rw-r--r-- 1 root   root   1148 Jul 28 15:46 zoo.cfg
-rw-r--r-- 1 master master 1148 May  7 14:44 zoo_sample.cfg
[root@master conf]#
```

图 5-17　复制粘贴并重命名文件

第三步：进入 ZooKeeper 安装目录的“bin”目录，启动 ZooKeeper 并查看进程。命令如下所示。

```
[root@master conf]# cd ..
[root@master zookeeper]# cd ./bin/
[root@master bin]# zkServer.sh start
[root@master bin]# jps
```

执行上述命令，结果如图 5-18 所示。

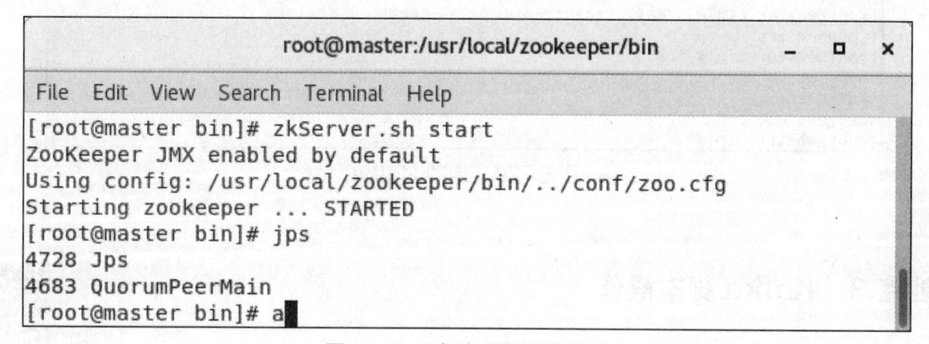

图 5-18　启动 ZooKeeper

第四步：将 Kafka 安装包上传到“/usr/local”目录下解压并重命名为“kafka”。命令如下所示。

```
[root@master local]# tar -zxvf kafka_2.12-3.2.0.tgz
[root@master local]# mv kafka_2.12-3.2.0 kafka
[root@master local]# ls
```

执行上述命令，结果如图 5-19 所示。

```
root@master:/usr/local
File Edit View Search Terminal Help
[root@master local]# mv kafka_2.12-3.2.0 kafka
[root@master local]# ls
aaa                                lib
apache-zookeeper-3.7.1-bin.tar.gz  lib64
bin                                libexec
etc                                mysql-connector-java-5.1.39.jar
flume                              Python-3.7.0
games                              sbin
hadoop                             share
hive                               spark
include                            sqoop
inspure                            src
kafka                              zookeeper
kafka_2.12-3.2.0.tgz
[root@master local]#
```

图 5-19　解压并重命名为“kafka”

第五步：在 Kafka 的“bin”目录下后台启动 Kafka 进程。命令如下所示。

```
[root@master local]# cd ./kafka/bin/
[root@master bin]# ./kafka-server-start.sh -daemon /usr/local/kafka/config/server.properties
[root@master bin]# jps
```

执行上述命令，结果如图 5-20 所示。

```
root@master:/usr/local/kafka/bin
File Edit View Search Terminal Help
[root@master local]# cd ./kafka/bin/
[root@master bin]# ./kafka-server-start.sh -daemon /usr/local/kafka/config/serve
r.properties
[root@master bin]# jps
5606 Jps
5482 Kafka
4683 QuorumPeerMain
[root@master bin]#
```

图 5-20 启动 Kafka

技能点 3 Kafka 脚本操作

微课 5-17 Kafka 脚本操作

Kafka 为开发人员提供了众多脚本以对其进行管理和相关的操作，其中，常用的脚本包含 Topic 脚本、生产者脚本，以及消费者脚本等。Kafka 中的脚本均保存在“/kafka”中的“bin”目录下，如图 5-21 所示。

```
root@master:/usr/local/kafka/bin
File Edit View Search Terminal Help
[root@master bin]# ls
connect-distributed.sh           kafka-mirror-maker.sh
connect-mirror-maker.sh          kafka-producer-perf-test.sh
connect-standalone.sh            kafka-reassign-partitions.sh
kafka-acls.sh                    kafka-replica-verification.sh
kafka-broker-api-versions.sh     kafka-run-class.sh
kafka-cluster.sh                 kafka-server-start.sh
kafka-configs.sh                 kafka-server-stop.sh
kafka-console-consumer.sh        kafka-storage.sh
kafka-console-producer.sh        kafka-streams-application-reset.sh
kafka-consumer-groups.sh         kafka-topics.sh
kafka-consumer-perf-test.sh      kafka-transactions.sh
kafka-delegation-tokens.sh       kafka-verifiable-consumer.sh
kafka-delete-records.sh          kafka-verifiable-producer.sh
kafka-dump-log.sh                trogdor.sh
kafka-features.sh                windows
kafka-get-offsets.sh             zookeeper-security-migration.sh
kafka-leader-election.sh         zookeeper-server-start.sh
kafka-log-dirs.sh                zookeeper-server-stop.sh
kafka-metadata-shell.sh          zookeeper-shell.sh
[root@master bin]#
```

图 5-21 Kafka 中包含的脚本

1. Topic 脚本

Topic 脚本文件名为“kafka-topics.sh”，通过该脚本文件能够完成创建主题、查看主题、修改主题，以及删除主题等操作。“kafka-topics.sh”的参数如表 5-20 所示。

表 5-20 “kafka-topics.sh”的参数

参数	描述
--alter	修改主题
--config <String: name=value>	创建或修改主题时，用于设置主题级别的参数
--create	创建主题
--delete	删除主题
--describe	查看主题的详细信息
--disable-rack-aware	创建主题时不考虑机架信息
--help	输出帮助信息
--if-exists	修改或删除主题时使用，只有当主题存在时才会执行
--if-not-exists	创建主题时使用，只有主题不存在时才会执行
--list	列出所有可用的主题
--partitons	创建主题或增加分区时指定的分区数
--replica-assignment	手动指定分区副本分配方案
--replication-factor	创建主题时指定副本数
--topic	指定主题名称
--topics-with-overrides	使用 describe 查看主题信息时，只展示包含覆盖配置的主题
--unavailable-partitions	使用 describe 查看主题信息时，只展示没有包含 leader 副本的分区
--under-replicated-partitions	使用 describe 查看主题信息时，只展示包含失效副本的分区
--bootstrap-server	链接的服务器地址和端口（必须）

Topic 脚本常用命令如下所示。

（1）创建 Topic

使用 Topic 脚本中的--create 参数创建 Topic。连接本地 Kafka 并创建名为“test-topic”的 Topic，指定副本数为 1，分区数为 3。命令如下所示。

```
[root@master bin]# ./kafka-topics.sh  --bootstrap-server 192.168.0.136:9092  --create --topic test-topic --replication-factor 1 --partitions 3
```

（2）列出已创建的 Topic

使用 Topic 脚本中的--list 参数，列出当前集群中包含的 Topic。命令如下所示。

```
[root@master bin]# kafka-topics.sh --bootstrap-server 192.168.0.136:9092  --list
```

（3）查看 Topic 的配置信息

使用 Topic 脚本中的--describe 参数，查看 Topic 的配置信息。命令如下所示。

```
[root@master bin]# kafka-topics.sh --bootstrap-server 192.168.0.136:9092 --describe
--topic test-topic
```

（4）删除 Topic

使用 Topic 脚本中的--delete 参数，删除名为“test-topic”的 Topic。命令如下所示。

```
[root@master bin]# kafka-topics.sh --bootstrap-server 192.168.0.136:9092 --delete
--topic test-topic
```

2．生产者脚本

生产者脚本文件名为“kafka-console-producer.sh”。该脚本能够生产和创建消息并将消息发送给消费者。脚本“kafka-console-producer.sh”的参数如表 5-21 所示。

表 5-21　脚本“kafka-console-producer.sh”的参数

参数	描述
--bootstrap-server	要连接的服务器（必须，除非指定--broker-list）
--topic	Topic 名称（必须）
--batch-size	单个批处理中发送的消息数（默认值为 16384）
--compression-codec	压缩编解码器，可选值有“none”“gzip”“snappy”“lz4”或“zstd”。如果未指定值，则默认值为“gzip”
--max-block-ms	在发送请求期间，生产者将阻止的最长时间（默认值为 60000）
--max-memory-bytes	生产者用来缓冲等待发送到服务器的总内存（默认值为 33554432）
--max-partition-memory-bytes	为分区分配的缓冲区大小（默认值为 16384）
--message-send-max-retries	最大的重试发送次数（默认值为 3）
--metadata-expiry-ms	强制更新元数据的时间阈值，单位为 ms（默认值为 300000）
--producer-property	自定义属性传递机制
--producer.config	生产者配置属性文件
--property	自定义消息读取器
--request-required-acks	生产者请求的确认方式
--request-timeout-ms	生产者请求的确认超时时间
--retry-backoff-ms	生产者重试前，刷新元数据的等待时间阈值
--socket-buffer-size	TCP 接收缓冲大小
--timeout	消息排队异步等待处理的时间阈值
--sync	同步发送消息

创建一个名为“test-topic”的 Topic 作为生产者，并发送消息“Hello World”。命令如下所示。

```
[root@master bin]# kafka-console-producer.sh --bootstrap-server 192.168.0.136:9092
--topic test-topic
>Hello World
```

3. 消费者脚本

消费者脚本文件名为“kafka-console-consumer.sh”。该脚本接收并消费生产者发送的消息。脚本“kafka-console-consumer.sh”的参数如表 5-22 所示。

表 5-22 脚本“kafka-console-consumer.sh”的参数

参数	描述
--group	指定消费者所属组
--topic	被消费的 Topic
--partition	指定分区；除非指定了--offset，否则从分区结束（latest）开始消费
--offset	执行消费的起始 offset 位置；可选值有最早（earliest）、最新（latest），以及具体偏移量值
--whitelist	提供一个正则表达式模式，用于匹配要消费的主题。只有与该正则表达式匹配的主题将被消费，其他主题将被忽略
--consumer-property	将用户定义的属性以 key=value 的形式传递给使用者
--consumer.config	消费者配置属性文件。注意，[consumer-property]优先于此配置
--property	初始化消息，格式化程序的属性
--from-beginning	从存在的最早消息开始，而不是从最新消息开始。注意，如果配置了客户端名称并且之前消费过，就不会从头消费
--max-messages	消费的最大数据量，若不指定，则持续消费下去
--skip-message-on-error	如果处理消息时出错，请跳过它而不是暂停
--isolation-level	设置为 read_committed 以过滤掉未提交的事务性消息，设置为 read_uncommitted 以获取所有消息，默认值为 read_uncommitted

创建一个消费者接收“test-topic”中的消息并输出到命令提示符窗口。命令如下所示。

```
[root@master bin]# kafka-console-consumer.sh --bootstrap-server 192.168.0.136:9092
--topic test-topic --from-beginning
```

技能点 4 Kafka Python API

微课 5-18 Kafka Python API

Kafka 除了支持使用脚本实现生产者、消费者的创建，还支持通过 Python 编程 API 对生产者、消费者进行创建消息和消费消息等功能，能够帮助开发人员更好地利用消息进行数据分析。

1. Producer API（生产者 API）

生产者 API，顾名思义，就是指应用程序发送数据流到 Kafka 集群中的 Topic，供消费者使用。生产者是线程安全的，跨线程共享单个生产者实例通常比拥有多个实例更快。

连接指定集群生产者 API 的方法如下。

```
kafka.KafkaProducer(关键字参数)
```

生产者 API 关键字参数说明如表 5-23 所示。

表 5-23 生产者 API 关键字参数说明

关键字参数	描述
bootstrap_server	要连接的服务器（必需，除非指定--broker-list）
batch_size	单个批处理中发送的消息数（默认值为 16384）
compression_type	生产者生成的所有数据的压缩类型。可选有效值为“gzip”“snappy”“lz4”或“无”
max_block_ms	在发送请求期间，生产者将阻止的最长时间（默认值为 60000）
buffer_memory	生产者用来缓冲等待发送到服务器的总内存（默认值为 33554432）
metadata_max_age_ms	强制更新元数据的时间阈值，单位为毫秒（默认值为 300000）
request_timeout_ms	生产者请求的确认超时时间，默认值为 30000
retry_backoff_ms	生产者重试前，刷新元数据的等待时间阈值，默认值为 100

生产者 API 中还包含若干个用于获取生产者状态信息、发送消息，以及关闭生产者的方法，具体如下。

（1）bootstrap_connected()：用于判断引导程序是否已连接，若已连接则返回 True。

（2）close(timeout=None)：用于关闭生产者，参数 timeout 表示等待完成的超时时间。

（3）partitions_for(topic)：返回主题的所有已知分区的集合。

（4）send()：使用 send()方法可设置向指定 Topic 发送消息。send()方法的语法格式如下所示。

```
send(topic,value=None,key=None,headers=None,partition=None)
```

send()方法的参数说明如下所示。

- topic（str）：将发布消息的主题。
- value（optional）：消息值。必须是字节类型，或者可以通过配置的 value_serializer 序列化为字节。
- partition（int,optional）：可选地指定一个分区。
- key（optional）：与消息关联的键。可用于确定将消息发送到哪个分区。
- headers（optional）：标头键值对列表。列表项是 str 键和字节值的元组。

使用 Python 编写 Kafka 程序前需要先安装 kafka-python 包。命令如下所示。

```
[root@master ~]# pip install kafka-python
```

在“/usr/local/inspur/code/”目录下创建名为“pykafka”的目录，并在该目录中编写 Python 代码，使用 API 创建生产者并向“test-topic”中发送消息。命令及代码如下所示。

```
[root@master ~]# cd /usr/local/inspur/code/
[root@master code]# mkdir ./pykafka
[root@master code]# cd ./pykafka/
[root@master pykafka]# vim producer-demo.py      #代码如下
from kafka import KafkaProducer
import json
producer = KafkaProducer(bootstrap_servers='192.168.0.136:9092')
msg_dict = {
        "ID":"a101",
        "name":"libai",
        "age":"111",
        "Gender":"m",
}
msg = json.dumps(msg_dict).encode() #encode 进行编码
future = producer.send('test-topic',msg)
producer.close()
```

2. ConsumerAPI（消费者 API）

消费者 API 主要用于接收生产者发出的消息，并且消费者不是线程安全的，不应使用跨线程共享。消费者 API 的语法格式如下所示。

```
kafka.KafkaConsumer(topics,关键字参数)
```

消费者 API 关键字参数说明如表 5-24 所示。

表 5-24　消费者 API 关键字参数说明

关键字参数	描述
topics（str）	要订阅的可选主题列表
bootstrap_servers	要连接的服务器
client_id（str）	客户端名称。字符串在每个请求中传递给服务器，可用于标识与此客户端对应的特定服务器日志条目
group_id	消费者组 ID

消费者 API 成功接收生产者消息后，会返回一个消息集合，每条消息包含 Topic、消息所在的分区、消息所在分区的位置、消息的内容，以及消息的 key。对应获取消息的方法如表 5-25 所示。

表 5-25　获取消息的方法

方法	描述
partition	消息所在的分区
offset	消息所在分区的位置
key	消息的 key
value	消息的内容

在“/usr/local/inspur/code/pykafka”目录中编写 Python 代码，使用 API 创建消费者并接收“test-topic”中的消息。代码如下所示。

```
[root@master pykafka]# vim consumer-demo.py   #代码如下
consumer = KafkaConsumer('test-topic', bootstrap_servers='localhost:9092')
for message in consumer:
    print("topic = %s,partition = %d,offset = %d,value=%s" % (message.topic, message.
partition, message.offset,message.value))
[root@master pykafka]# python consumer-demo.py
```

打开第二个命令提示符窗口并运行生产者代码，查看消费者消息，输出生产者发送的消息，如图 5-22 所示。

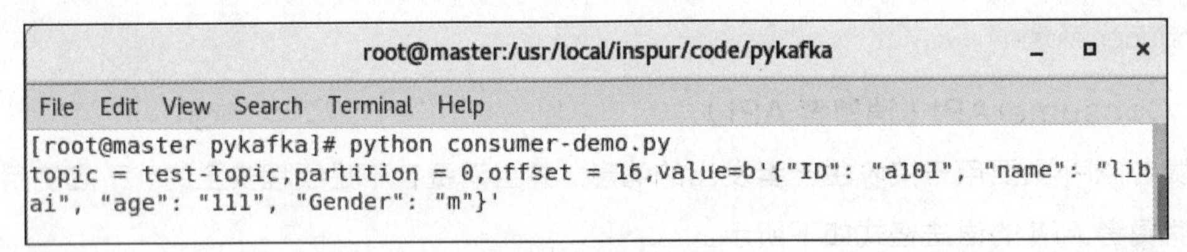

图 5-22　输出消息

任务实施

学习了 Kafka 消息分布式订阅系统与 Flume 日志数据采集系统，本任务将使用 Flume 监控 httpd 服务器的日志数据，并作为生产者发送到 Topic，使用 Kafka 消费者进行接收。

微课 5-19　任务实施

第一步：打开命令提示符窗口进入“/usr/local/inspur/code/flume-code/”目录，在该目录下创建名为“access_kafka.conf”的 Flume 配置文件。代码如下所示。

```
[root@master ~]# cd /usr/local/inspur/code/flume-code/
[root@master flume-code]# vim access_kafka.conf   #配置文件内容如下
a1.sources = s1
a1.sinks = k1
a1.channels = c1
#数据源配置
a1.sources.s1.type= exec
a1.sources.s1.command = tail -f   /var/log/httpd/access_log
a1.sources.s1.channels=c1
a1.sources.s1.fileHeader = false
a1.sources.s1.interceptors = i1
a1.sources.s1.interceptors.i1.type = timestamp
#Kafka Sink 配置
a1.sinks.k1.type = org.apache.flume.sink.kafka.KafkaSink
a1.sinks.k1.topic = flume-topic                    #配置 Topic 名称
a1.sinks.k1.brokerList = 192.168.0.136:9092   #Kafka 主机链接
a1.sinks.k1.requiredAcks = 1
#使用内存通道
a1.channels.c1.type = memory
a1.channels.c1.capacity = 1000
a1.channels.c1.transactionCapacity = 100
#绑定数据通道
a1.sources.s1.channels = c1
a1.sinks.k1.channel = c1
```

执行以上代码，运行结果如图 5-23 所示。

第二步：进入“/flume/bin”目录并启动 Flume 数据采集。命令如下所示。

```
[root@master bin]# ./flume-ng agent --conf conf --conf-file /usr/local/inspur/code/flume-co
de/access_kafka.conf --name a1
```

执行上述命令，结果如图 5-24 所示。

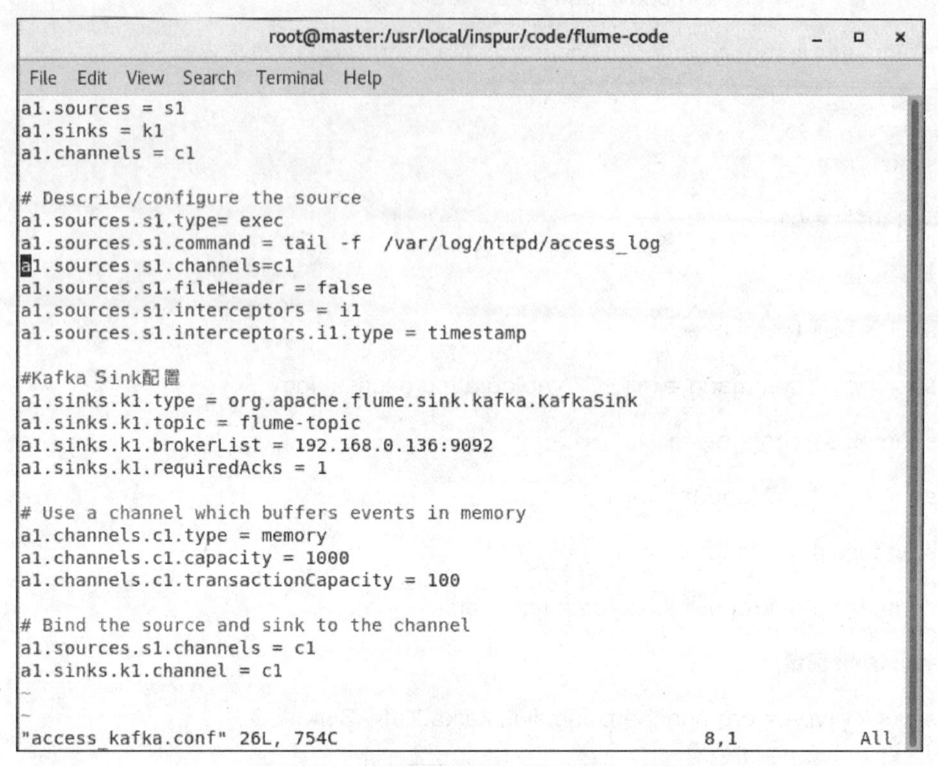
```
a1.sources = s1
a1.sinks = k1
a1.channels = c1

# Describe/configure the source
a1.sources.s1.type= exec
a1.sources.s1.command = tail -f  /var/log/httpd/access_log
a1.sources.s1.channels=c1
a1.sources.s1.fileHeader = false
a1.sources.s1.interceptors = i1
a1.sources.s1.interceptors.i1.type = timestamp

#Kafka Sink配置
a1.sinks.k1.type = org.apache.flume.sink.kafka.KafkaSink
a1.sinks.k1.topic = flume-topic
a1.sinks.k1.brokerList = 192.168.0.136:9092
a1.sinks.k1.requiredAcks = 1

# Use a channel which buffers events in memory
a1.channels.c1.type = memory
a1.channels.c1.capacity = 1000
a1.channels.c1.transactionCapacity = 100

# Bind the source and sink to the channel
a1.sources.s1.channels = c1
a1.sinks.k1.channel = c1
```


图 5-23　接收器为 Kafka 的 Flume 配置

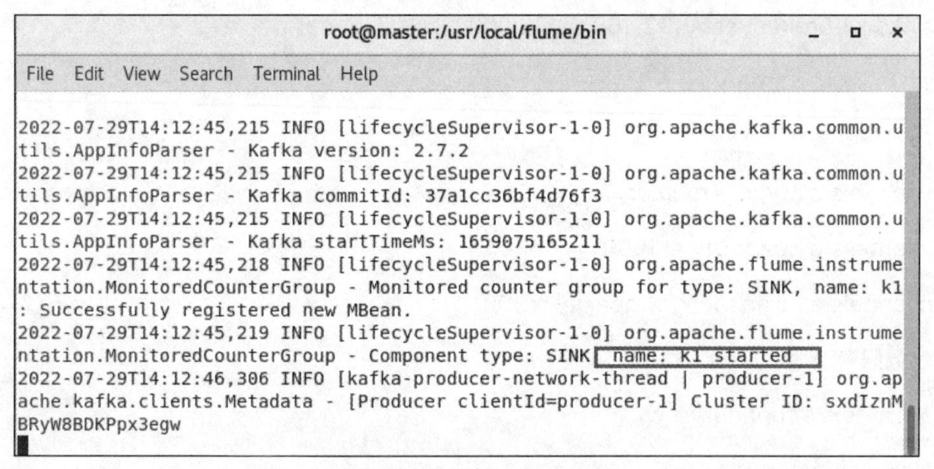

图 5-24　启动 Flume

第三步：打开第二个命令提示符窗口，进入“/usr/local/kafka/bin”目录以使用消费者脚本。启动消费者，接收名为“flume-topic”的 Topic 中的消息。消费者启动成功后使用浏览器访问主机 IP 地址并刷新页面使其产生日志数据。命令如下所示。

```
[root@master ~]# cd /usr/local/kafka/bin
[root@master bin]# kafka-console-consumer.sh --bootstrap-server 192.168.0.136:9092 --topic flume-topic --from-beginning
```

执行上述命令，结果如图 5-25 所示。

```
root@master:/usr/local/kafka/bin
File Edit View Search Terminal Help
192.168.0.1 - - [29/Jul/2022:14:15:03 +0800] "GET /osp2016/im/ajax/ajaxGetChatSt
atus.php?visitorID=u2_850366_803539926912 HTTP/1.1" 404 235 "http://192.168.0.13
6/%E6%B5%AA%E6%BD%AE-%E4%BA%91%E8%AE%A1%E7%AE%97%20%E5%A4%A7%E6%95%B0%E6%8D%AE%E
6%9C%8D%E5%8A%A1%E5%95%86_files/index.html" "Mozilla/5.0 (Windows NT 10.0; Win64
; x64) AppleWebKit/537.36 (KHTML, like Gecko) Chrome/103.0.0.0 Safari/537.36"
192.168.0.1 - - [29/Jul/2022:14:15:03 +0800] "GET /osp2016/im/ajax/ajaxIMTrigger
.php?callback=jsonpTriiger&vendorID=850366&clientName=u2_850366_803539926912&com
panyId=0&contactId=0&_=1659075304016 HTTP/1.1" 404 231 "http://192.168.0.136/%E6
%B5%AA%E6%BD%AE-%E4%BA%91%E8%AE%A1%E7%AE%97%20%E5%A4%A7%E6%95%B0%E6%8D%AE%E6%9C%
8D%E5%8A%A1%E5%95%86_files/index.html" "Mozilla/5.0 (Windows NT 10.0; Win64; x64
) AppleWebKit/537.36 (KHTML, like Gecko) Chrome/103.0.0.0 Safari/537.36"
```

图 5-25　消费者脚本

第四步：进入“/usr/local/inspur/code/pykafka/”目录，创建名为“consumer-flume.py”的 Python 程序，使用 Python API 编写消费者程序。代码如下所示。

```
[root@master ~]# cd /usr/local/inspur/code/pykafka/
[root@master pykafka]# vim consumer-flume.py        #代码如下
from kafka import KafkaConsumer
consumer = KafkaConsumer('flume-topic', bootstrap_servers='localhost:9092')
for message in consumer:
print("topic = %s,partition = %d,offset = %d,value=%s" % (message.topic, message.partiti
on, message.offset,message.value))
[root@master pykafka]# python consumer-flume.py
```

执行以上代码，运行结果如图 5-26 所示。

```
root@master:/usr/local/inspur/code/pykafka
File Edit View Search Terminal Help
022:14:21:31 +0800] "GET /eportal/uiFramework/commonResource/image/icon_more.png
 HTTP/1.1" 404 252 "http://192.168.0.136/%E6%B5%AA%E6%BD%AE-%E4%BA%91%E8%AE%A1%E
7%AE%97%20%E5%A4%A7%E6%95%B0%E6%8D%AE%E6%9C%8D%E5%8A%A1%E5%95%86_files/style.css
" "Mozilla/5.0 (Windows NT 10.0; Win64; x64) AppleWebKit/537.36 (KHTML, like Gec
ko) Chrome/103.0.0.0 Safari/537.36"'
topic = flume-topic,partition = 0,offset = 464,value=b'192.168.0.1 - - [29/Jul/2
022:14:21:31 +0800] "GET /eportal/uiFramework/commonResource/image/arrow_next.pn
g HTTP/1.1" 404 253 "http://192.168.0.136/%E6%B5%AA%E6%BD%AE-%E4%BA%91%E8%AE%A1%
E7%AE%97%20%E5%A4%A7%E6%95%B0%E6%8D%AE%E6%9C%8D%E5%8A%A1%E5%95%86_files/style.cs
s" "Mozilla/5.0 (Windows NT 10.0; Win64; x64) AppleWebKit/537.36 (KHTML, like Ge
cko) Chrome/103.0.0.0 Safari/537.36"'
```

图 5-26　消费者 API

项目小结

本项目通过对动态网页访问日志数据采集的相关知识的讲解，帮助读者对日志数据采集有了初步了解，并掌握了 Flume 日志采集工具、Kafka 消息订阅和发布系统的使用方法，也使读者能够通过所学知识实现日志数据的采集。

课后习题

1. 选择题

（1）Flume 中不属于 Agent 核心组件的是（　　）。

A. Source　　B. Channel　　C. Syslog　　D. Sink

（2）Flume 使用 Kafka 作为数据源时，通过（　　）设置主题列表。

A. channels　　B. kafka.topics
C. kafka.consumer.group.id　　D. batchDurationMillis

（3）Flume 的内存通道中使用（　　）设置通道中所有事件在内存中的大小总和。

A. type　　B. capacity
C. byteCapacityBufferPercentage　　D. byteCapacity

（4）Kafka 生产者脚本中使用（　　）选择压缩编解码器。

A. --bootstrap-server　　B. --batch-size
C. --compression-codec　　D. --producer-property

（5）下列不属于 Hadoop 核心组件的是（　　）。

A. --delete　　B. --describe　　C. --drop　　D. --remove

2. 判断题

（1）Kafka 中使用--replication-factor 来表示在创建生产者或增加分区时指定的分区数。（　　）

（2）Flume 实现数据采集的方式非常简单，只需编辑相应的配置文件即可完成特定数据的采集与存储。（　　）

（3）Producer 表示消费者，用于接收消息。消费者连接到 Kafka 并接收消息，从而进行相应的业务逻辑处理。（　　）

（4）Topic 表示分区，每个分区属于单个主题。（　　）

（5）Kafka 是由 Apache 软件基金会开发的一个开源流处理平台，是一个快速、可扩展的、分布式的、分区的、可复制的且基于 ZooKeeper 协调的分布式日志系统。（　　）

3. 简答题

（1）Flume 中的 Source、Channel，以及 Sink 分别是什么？

（2）Kafka 中都有哪些核心组件，分别表示什么含义？

自我评价

通过学习本任务，查看自己是否掌握以下技能，并在表 5-26 中标出已掌握的技能。

表 5-26　技能检测表

评价标准	个人评价	小组评价	教师评价
具备使用 Flume 进行数据采集的能力			
具备创建 Kafka 生产者的能力			
具备创建 Kafka 消费者的能力			

备注：A. 具备　　B. 基本具备　　C. 部分具备　　D. 不具备

项目6
动态网页数据预处理

项目导言

微课 6-1 项目导言及学习目标

数据预处理是指对数据的缺失值、脏数据、数据格式等进行调整和处理。在数据采集过程中由于数据的来源不统一会造成数据格式混乱，使用这些原始数据进行数据分析无法为决策提供有效的帮助，而对数据进行预处理能够有效地解决这些问题。本项目将介绍如何使用 Pandas 库、Pig 和 ELK 进行数据预处理以及简单的数据分析。

思维导图

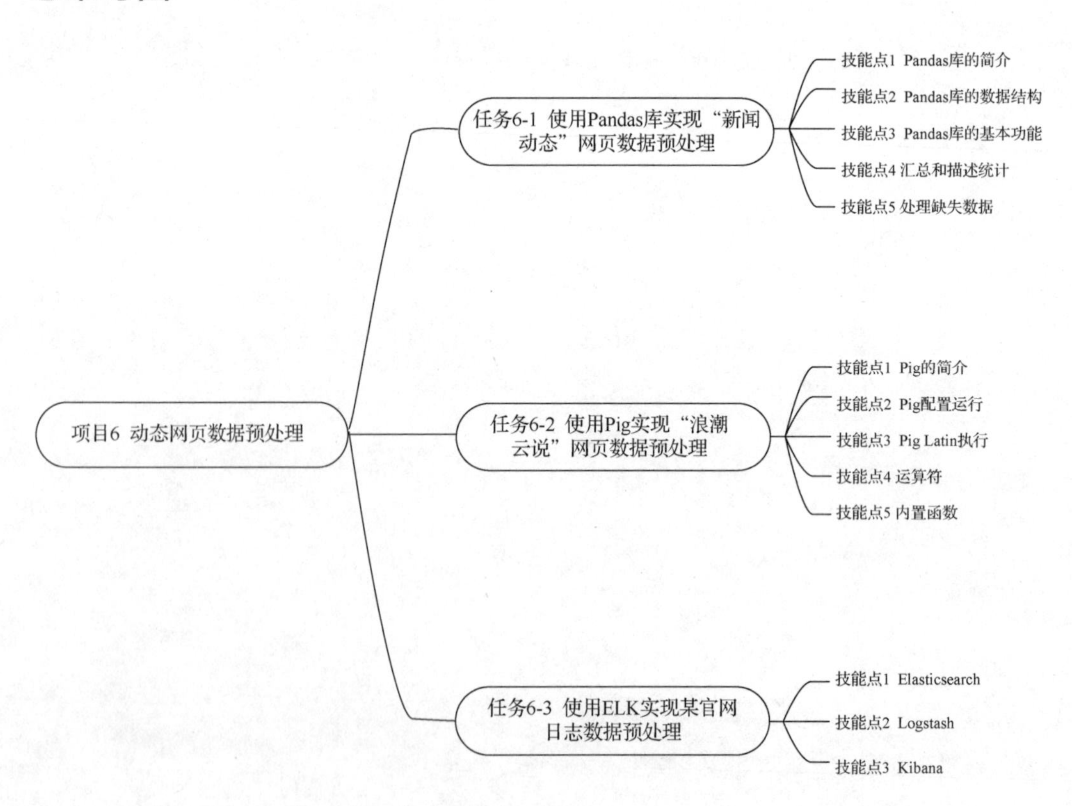

知识目标

- ➢ 了解 Pandas 库、Pig 和 ELK。
- ➢ 熟悉 Pandas 库和 Pig 数据处理机制。
- ➢ 熟悉 Pig 以及 ELK 环境搭建方法。

技能目标

- ➢ 具备使用 Pandas 库进行数据预处理的能力。
- ➢ 具备使用 Pig 进行数据预处理的能力。
- ➢ 具备使用 ELK 进行数据采集和处理的能力。

素养目标

- ➢ 通过掌握不同工具的数据预处理操作，培养灵活、变通的思维惯性，提升在不同场景下的技术应用能力。
- ➢ 尝试与其他人员共同完成数据预处理任务，体会团队协作的重要性。

任务 6-1 使用 Pandas 库实现“新闻动态”网页数据预处理

任务描述

Pandas 库是一个第三方数据分析以及预处理的库，能够帮助开发人员对数据集进行预处理和简单的数据分析。Pandas 库提供了丰富的汇总和描述统计方法，具有较强的应用性和易用性。本任务主要通过 Pandas 库对使用爬虫采集的“新闻动态”网页数据进行数据预处理，包括缺失值处理、空格删除、多余换行符删除等内容。在任务实施过程中，将讲解并实现数据的加载方法、维度查看方法、缺失值处理方法和数据的保存方法等。

素质拓展

“广大青年要坚定不移听党话、跟党走，怀抱梦想又脚踏实地，敢想敢为又善作善成，立志做有理想、敢担当、能吃苦、肯奋斗的新时代好青年，让青春在全面建设社会主义现代化国家的火热实践中绽放绚丽之花。”党的二十大报告寄语新时代青年，激励青年在新征程上激昂青春之志，奉献青春之力，谱写更加壮美的青春之歌。当代中国青年生逢其时，施展才干的舞台无比广阔，实现梦想的前景无比光明。广大青年要坚定不移听党话、跟党走，立大志、明大德、成大才、担大任。

任务技能

技能点 1 Pandas 库的简介

微课 6-2 Pandas 库的简介和数据结构

Pandas 库是 Python 的核心开源数据分析支持库。Pandas 库是基于 NumPy 库的、用于完成数据分析而开发的数据分析工具，其纳入了大量的库和标准数据模型，为实现高效的大型数据集操作提供支持。Pandas 库最初由 AQR Capital Management 于 2008 年 4 月开发，并于 2009 年开源。目前由专注于 Python 数据包开发的 PyData 开发团队继续开发和维护，属于 PyData 项目的一部分。Pandas 库在最开始时主要应用于金融数据的分析，因此，Pandas 库能够很好地支持时间序列分析。

技能点 2 Pandas 库的数据结构

既然 Pandas 库主要用于数据的处理及分析，那么，Pandas 库支持的数据结构有哪些呢？实际上，Pandas 库包含的能够处理分析的数据结构并不多，具体如下。

1. Series

Series 是一维数组的对象，可保存任何类型的数据。Series 由一组数据（各种 NumPy 库的数据类型）和与之相关的数据标签（索引）两部分构成。Series 与 NumPy 库中的一维数组类似，二者与 Python 基本的数据结构 List 也很接近，其区别是 List 中的元素可以是不同的数据类型，而 Array 和 Series 中则只允许存储相同的数据类型，这样可以更有效地使用内存，提高运算效率，并且 Series 可以运用 ndarray 或字典的所有索引操作和函数，融合了字典和 ndarray 的优点。Series 的数据结构如图 6-1 所示。

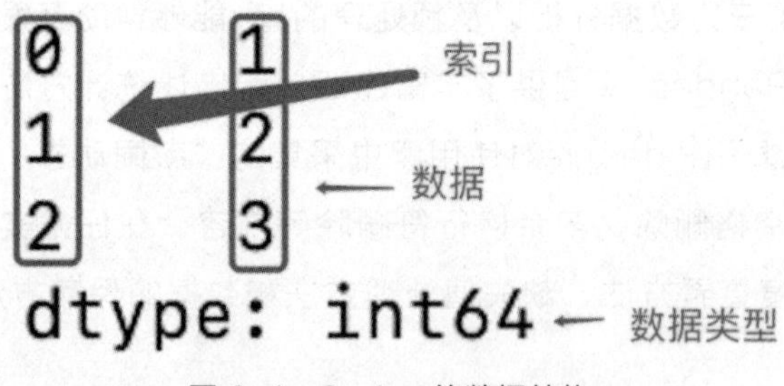

图 6-1 Series 的数据结构

2. DataFrame

DataFrame 是一个表格类型的数据结构，由一组有序的列构成，并且每列的数据类型可以不同。DataFrame 中同时包含了行索引和列索引，可将其看作由 Series 组成的字典。DataFrame 的数据结构，以及 DataFrame 与 Series 的关系分别如图 6-2、图 6-3 所示。

3. Panel

Panel 是三维数组，可以理解为 DataFrame 的容器。需要注意的是，Pandas 库是 Python 的一个库，所以，Python 中所有的数据类型在其中依然适用。Pandas 还可以自己定义数据类型。

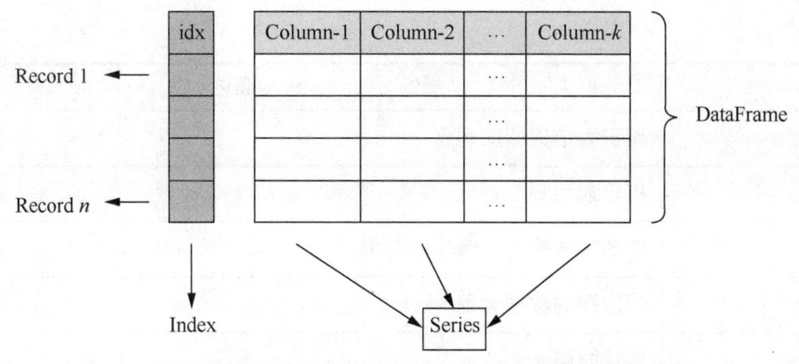

图 6-2　DataFrame 的数据结构

Series 1

	Mango
0	4
1	5
2	6
3	3
4	1

\+ Series 2

	Apple
0	5
1	4
2	3
3	0
4	2

\+ Series 3

	Banana
0	2
1	3
2	5
3	2
4	7

= DataFrame

	Mango	Apple	Banana
0	4	5	2
1	5	4	3
2	6	3	5
3	3	0	2
4	1	2	7

图 6-3　DataFrame 与 Series 的关系

技能点 3　Pandas 库的基本功能

微课 6-3　数据表获取

1. 数据表获取

在 Pandas 库中，数据的主要获取方式为读取数据文件。数据文件通常以 CSV、XLSX，以及 JSON 等类型保存。对应地，Pandas 库提供了针对不同数据文件的数据格式的获取方法，通过对应的方法可获取数据并返回一个 Pandas 对象。Pandas 库中常用的数据文件获取方法如下。

（1）read_csv()

该方法用于从 CSV 文件中获取数据，其必要参数为数据文件的存储路径，同时，可以在读取文件内容时设置分隔符、编码，以及进行空值定义等操作。read_csv()方法的语法格式如下所示。

```
pd.read_csv(filepath_or_buffer, sep=',', header='infer', names=None, index_col=None, prefi
x=None, dtype=None, encoding=None, converters=None, skipinitialspace=False, na_value
s=None, na_filter=True, true_values=None, false_values=None)
```

read_csv()方法包含的部分参数如表 6-1 所示。

表 6-1　read_csv()方法包含的部分参数

参数	描述
filepath_or_buffer	文件路径
sep	分隔符设置，默认值为‘,’
header	数据文件中用于表示列名部分的行数（数据开始的行），默认值为 0

续表

参数	描述
names	用于为结果添加列名
index_col	指定索引列
prefix	自动生成的列名编号的前缀
dtype	指定列的数据类型
encoding	指定编码
converters	设置指定列的处理函数，可以用“序号”“列名”进行列的指定
skipinitialspace	忽略分割符后面的空格
na_values	空值定义
na_filter	检测空值，当值为 False 时，可以提供大文件的读取性能
true_values	将指定的文本转换为 True
false_values	将指定的文本转换为 False

（2）read_excel()

该方法主要用于从 Excel 文件中加载数据并以二维数据表的格式输出。read_excel()方法的语法格式如下所示。

```
pd.read_excel(io,sheet_name=0,header=0,names=None,index_col=None,usecols=None, s
queeze=False, dtype=None, true_values=None,false_values=None, skiprows=None, nrows
=None)
```

read_excel()方法包含的部分参数如表 6-2 所示。

表 6-2 read_excel()方法包含的部分参数

参数	描述
io	文件路径
sheet_name	指定表单名称
header	指定数据中作为表头的行，默认为 0
names	自定义表头的名称，值为数组类型
index_col	指定作为索引的列
usecols	用于指定要从 Excel 文件中读取的列，默认为 None，表示读取所有列
squeeze	默认为 False。当设置 squeeze=True 时，表示如果解析的数据只包含一列，则返回一个 Series
dtype	指定列的数据类型，默认为 None，表示不改变数据类型

续表

参数	描述
true_values	将指定的文本转换为 True
false_values	将指定的文本转换为 False
skiprows	省略指定行数的数据
nrows	指定需要读取前多少行的数据，通常用于较大的数据文件中

（3）read_sql()

该方法主要用于从 SQL 数据库表中获取数据。该方法首先需要创建与数据库的连接，然后通过 SQL 语句从表中获取数据。read_sql()方法的语法格式如下所示。

```
pandas.read_sql ( sql, con, index_col = None, coerce_float = True, parse_dates = None, colu
mns = None, chunksize)
```

read_sql()方法包含的部分参数如表 6-3 所示。

表 6-3　read_sql()方法包含的部分参数

参数	描述
sql	用于查询数据的 SQL 语句，类型为 str
con	连接数据所需的引擎，使用对应的数据库链接创建，如 PyMySQL
index_col	选择某一列作为 index
coerce_float	将数字形式字符串转换为 float 读入
parse_dates	将某一列日期型字符串转换为 datetime 型数据
columns	要选取的列
chunksize	指定输出的行数

（4）read_json()

该方法用于加载 JSON 文件中的数据，与 read_csv()和 read_excel()方法的使用方式一致。read_ json()方法的语法格式如下所示。

```
pd.read_ json(path_or_buf=None, orient=None, typ='frame', dtype=True,keep_default_dates
=True, numpy=False, date_unit=None, encoding=None, lines=False)
```

read_json()方法包含的部分参数如表 6-4 所示。

表 6-4　read_ json()方法包含的部分参数

参数	描述
path_or_buf	文件路径
orient	指示预期的 JSON 字符串格式

续表

参数	描述
typ	要恢复的对象类型
dtype	指定数据类型，值为 boolean 或 dict，若将 True 作为传递参数，会将所有列的数据类型设置为 boolean
keep_default_dates	显示 Scrapy 框架版本
numpy	直接解码为 NumPy 数组
date_unit	用于检测转换日期的时间戳单位
encoding	指定编码
lines	按行读取文件作为 JSON 对象

微课 6-4 检查数据表信息和数据持久化

2．检查数据表信息

Pandas 库提供了若干用于查看数据表信息的方法，如查看维度、基本信息、空值，以及列名等方法，能够帮助人们快速了解数据表的信息。这些方法主要应用于数据量较大，无法快速获取有效信息的情况。Pandas 库中查看数据表信息的方法如表 6-5 所示。

表 6-5 Pandas 库中查看数据表信息的方法

方法	描述
DataFrame.shape()	查看数据的维度
DataFrame.dtypes()	每列数据的格式
DataFrame.values()	查看数据表的值
DataFrame.columns()	查看数据列名称
DataFrame.info()	查看数据表基本信息
DataFrame.isnull()	查看空值
DataFrame.unique()	查看某一列的唯一值
DataFrame.head()	查看 DataFrame 中前指定行数据，默认为 5
DataFrame.tail()	查看 DataFrame 中后指定行数据，默认为 5

3．数据持久化

数据在经过处理和分析后可得出相关的结论，这些结论若不进行持久化存储便会失去意义。当人们有使用处理后的数据的需求时，每次都需要执行一次代码以在标准输出中查看，但标准输出的数据格式杂乱无章，不易于阅读，所以需要对数据进行持久化处理，方便反复使用。Pandas 库中常用的数据持久化方法如下。

（1）to_csv()

该方法用于将 Pandas 程序中的数据持久地保存到 CSV 文件中。其语法格式如下所示。

```
DataFrame.to_csv(path_or_buf=None, sep=',', na_rep='', float_format=None, columns=None, header=True, index=True,mode='w', encoding='utf-8')
```

to_csv()方法包含的部分参数如表 6-6 所示。

表 6-6 to_csv()方法包含的部分参数

参数	描述
path_or_buf	字符串类型的文件路径对象
sep	输出文件的字段分隔符
na_rep	填充缺失数据,默认为空
float_format	保留几位小数，参数类型为字符串
columns	自定义列名，参数类型为序列或数组
header	写出列名，若给定字符串列表，则作为列名的别名
index	写入索引，默认为 True
mode	Python 写入模式，默认为 w，可选值如下： w：覆盖写入。 a：追加写入。 r+ ：可读可写，必须存在，可在任意位置读写，读与写共用一个指针。 w+ ：可读可写，可以不存在，但会擦掉原有内容从头开始写。 a+ ：可读可写，可以不存在，但不能修改原有内容，只能在结尾追加写，文件指针只对读有效（写操作会将文件指针移动到文件尾）
encoding	表示输出文件中使用的编码的字符串，默认为 utf-8

（2）to_excel()

该方法用于将 DataFrame 数据以 Excel 表格的形式保存到本地文件系统。其语法格式如下所示。

```
DataFrame.to_excel(excel_writer, sheet_name='Sheet1', na_rep='', float_format=None, columns=None, header=True, index=True,startrow=0, startcol=0)
```

to_excel()方法包含的部分参数如表 6-7 所示。

表 6-7 to_excel()方法包含的部分参数

参数	描述
excel_writer	保存的文件路径
sheet_name	保存的 sheet 名
na_rep	填充缺失数据，默认为空
float_format	格式化浮点数的字符串，默认为 None

续表

参数	描述
startrow	保存的数据在目标文件的开始行
startcol	保存的数据在目标文件的开始列
header	显示列名
columns	自定义列名
index	是否显示索引

（3）to_ json()

使用 Pandas 库处理 JSON 数据时，通常将 JSON 数据先加载到程序中转换为 DataFrame（可使用 read_json），在处理完成后再将处理后的数据保存回 JSON 格式，这时就需要用到 to_ json()方法。其语法格式如下所示。

```
DataFrame.to_json(path_or_buf=None, orient=None, date_format=None, double_precision
=10, force_ascii=True, index=True)
```

to_ json()方法包含的部分参数如表 6-8 所示。

表 6-8　to_ json()方法包含的部分参数

参数	描述
path_or_buf	指定文件保存路径
orient	指定为将要输出的 JSON 格式
date_format	日期转换类型
double_precision	对浮点值进行编码时使用的小数位数，默认为 10 位
force_ascii	强制编码为 ASCII
index	是否包含索引值

保存数据时，输入的对象可能为 Series 或者 DataFrame，当使用 orient 参数指定数据的 JSON 格式时，JSON 字符形式的输出类型包括以下几种。

- split：将行索引（index）、列索引（columns）、值数据（data）分开存储。例如，{"index": [index], "columns": [columns], "data": [values]}。
- records：将列表（list）格式以[{列名:值}…]形式输出。例如，[{"column": value}, … , {"column": value}]。
- index：将字典以 { 行索引:{列索引:值}}形式输出。例如，{index:{"column":value}}。
- columns：将字典以 { 列索引:{行索引:值}}形式输出。例如，{"column":{index: value}}。
- values：全部输出。

其中，Series 默认索引为 index，允许的值输出形式有{'split' , 'records' , 'index'}；DataFrame 默认索引为 columns，允许的值输出形式有 { 'split' , 'records' , 'index' , 'columns' , 'values' }。

（4）to_sql()

该方法是 Pandas 库提供的用于将 DataFrame 数据保存到数据库的方法。其语法格式如下所示。

```
DataFrame.to_sql(name, con, schema=None, if_exists='fail', index=True, index_label=None,
chunksize=None)
```

to_sql()方法包含的部分参数如表 6-9 所示。

表 6-9　to_sql()方法包含的部分参数

参数	描述
name	表名称
con	连接 SQL 数据库的引擎，可以用 PyMySQL 之类的包建立
schema	相应数据库的引擎，不设置则使用数据库的默认引擎，如 MySQL 中的 InnoDB 引擎
index	是否将表中索引保存到数据库
index_label	是否使用索引名称
if_exists	当数据库表存在时，设置数据的保存方式
chunksize	批量保存数据的大小

技能点 4　汇总和描述统计

微课 6-5　汇总和描述统计及缺失值处理

Pandas 库提供了一组常用的汇总和描述统计函数，用于完成数据分析中汇总统计功能。与对应的 NumPy 库的数组函数相比，它们都是基于没有缺失数据的假设而构建的。Pandas 库中常用的统计函数如表 6-10 所示。

表 6-10　Pandas 库中常用的统计函数

函数	描述
df.sum()	求和
df.mean()	按轴方向求平均值
df.min() df.max()	求最小值或最大值。对于字符串类型的数据，最小值按字母升序返回，当不忽略空值时，最小值、最大值都是 NaN
df.var()	求样本值的方差
df.std()	求样本值的标准差
df.count()	计算非空值的数量
df.median()	计算中位数

（1）df.sum()

df.sum()函数用于按指定轴求和，轴可通过 axis 参数设置。当 axis 值为 1 时，表示对行求和；当 axis 值为 0 时，表示对列求和。df.sum()函数的语法格式如下所示。

```
df.sum(axis=None)
```

（2）df.mean()

df.mean()函数用于按指定轴计算平均值，该函数同样使用 axis 参数指定轴。df.mean()函数的语法格式如下所示。

```
df.mean(axis=None)
```

（3）df.min()和 df.max()

df.min()和 df.max()两个函数分别用于计算最小值与最大值，可通过设置 axis 参数指定按行或按列进行计算。df.min()和 df.max()函数的语法格式如下所示。

```
df.min(axis=None)
df.max(axis=None)
```

（4）df.var()

df.var()函数用于计算样本值的方差，即先计算出总体各单位变量值与其算术平均值的离差的平方，然后对此变量取平均值。df.var()函数同样可指定按行或按列计算。df.var()函数的语法格式如下所示。

```
df.var(axis=None)
```

（5）df.std()

df.std()函数用于计算样本值的标准差，标准差的定义是总体各单位标准值与其平均值的离差。df.std()函数同样可指定按行或按列计算。df.std()函数的语法格式如下所示。

```
df.std(axis=None)
```

（6）df.count()

df.count()函数用于统计非空值的数量。默认情况下，df.count()函数以纵轴的方式统计非空值的数量（axis=0），也可通过修改 axis 参数值为 1（axis=1）来实现横轴非空值数量的统计。通过对行非空值数量的统计，能够快速定位哪一行的数据有缺失。df.count()函数的语法格式如下所示。

```
df.count(axis=None)
```

（7）df.median()

df.median()函数用于计算一组数据的中位数，中位数也称为中值，是数据统计中的专有名词。中位数是指按顺序排列的一组数据中居于中间位置的数。df.median()函数的语法格式如下所示。

```
df.median(axis=None)
```

技能点 5 处理缺失数据

缺失值是指数据中由于某些信息的缺失，造成现有数据中某个或某些属性不完整。在整个数据分析过程中，数据的准备过程占据超过 50%的工作量，高质量的数据对完成高质量的数据挖掘是非常有帮助的。在工作过程中，常见的处理缺失值的方式有两种，一种适用于缺失比例较小——当数据中缺失的记录占比较小时，可直接将包含缺失值的记录删除；另一种适用于缺失值比例较大——当缺失值占比较大时，删除包含缺失值的记录会丢失大量记录，导致数据分析得出的结论有很大偏差，所以需要通过一系列函数对缺失值进行包含但不限于删除的处理。Pandas 库提供了若干对缺失值进行处理的函数，可分为 4 类，分别是缺失值判断、缺失值统计、缺失值填充，以及缺失值删除。

（1）缺失值判断

Pandas 库为 DataFrame 提供了用于判断缺失值的方法 df.isna()。该方法会直接返回 True 或 False 的布尔值，包含缺失值记录的缺失值位置会返回 True。其语法格式如下所示。

```
df.isna()
```

（2）缺失值统计

缺失值统计是指统计出每列的缺失值数量，或每行的缺失值数量。缺失值数量统计使用 sum()函数完成，根据 axis 参数统计每列缺失值的数量或每行缺失值的数量。其语法格式如下所示。

```
df.isna().sum(axis= None)
```

（3）缺失值填充

缺失值填充是指使用特定的值，对缺失的值进行填充。Pandas 库中缺失值填充使用 df.fillna()方法实现。df.fillna()方法的语法格式如下所示。

```
df.fillna(value=None, method=None, axis=None, inplace=False, limit=None, downcast=No
ne)
```

df.fillna()方法的参数说明如下所示。

- value：用于填充缺失值，类型可为变量、字典、Series、DataFrame。
- method：指定用于填充缺失值的方法，可以为 pad/ffill（向后填充），backfill/bfill（向前填充）或 interpolat（插值）。
- axis：指定填充缺失值的轴，可以是 0（行轴）或 1（列轴）。
- inplace：布尔类型，默认为 False。若为 True，则在原位置填满。
- limit：整型，默认为 None，如果指定了方法，则是连续的 NaN 值的前向或后向填充的最大数量。

- downcast：用于控制数值类型的缺失值填充时的类型转换，默认为 None。

（4）缺失值删除

缺失值删除是指在缺失值占比较小的情况下，将其删除不会影响预测结果，若缺失值占比较大，建议使用填充的方式对缺失值进行处理。删除缺失值使用 df.dropna()方法。该方法包含 axis 参数，用于指定删除包含缺失值的行或列；若不使用该参数，则表示全部直接删除。df.dropna()方法的语法格式如下所示。

```
df.dropna(axis=None)
```

任务实施

学习了 Pandas 库的相关概念以及统计方法，本任务将巩固所学知识，通过以下几个步骤实现“新闻动态”网页数据预处理。

微课 6-6 任务实施

第一步：加载数据，并为数据设置列名。首先使用 read_csv()方法加载数据，读取本地数据文件，然后使用 names 属性设置列名，最后输出数据查看结果，同时，输出数据的维度验证数据是否完整。代码如下所示。

```
# 引入 Pandas
import pandas as pd
# 读取全部数据
df=pd.read_csv("./NewsInformation.csv",names=['url','title','context','date']  ,skipinitialspace=
True)
print(df)
# 维度查询
shape=df.shape
print (shape)
```

执行上述代码，运行结果如图 6-4 所示。

第二步：数据中的“context”列包含多余的空格，并且包含空值。为了方便对缺失值进行处理，去掉所有空格并将空值替换为 np.nan。代码如下所示。

```
df['context'] = df['context'].str.replace(' ', '')
df['context'] = df['context'].str.replace('\n', '')
df['context'] = df['context'].replace('', np.nan)
print(df['context'].head(20))
```

执行上述代码，运行结果如图 6-5 所示。

```
Run: News-data-processing
..                                                      ...
...        ...
376  https://cloud.inspur.com/images/2019/03/4jt8f6...
 ...  2018/12/27
377  https://cloud.inspur.com/images/2019/03/4jt9p2...
 ...  2018/12/21
378  https://cloud.inspur.com/images/2019/03/4jt8da...
 ...  2018/12/20
379  https://cloud.inspur.com/images/2019/03/4jt8fm...
 ...  2018/12/15
380  https://cloud.inspur.com/images/2019/03/4jt8fi...
 ...  2018/12/14

[381 rows x 4 columns]
(381, 4)
```

图 6-4　输出数据并查看维度

```
1      7月31日，在首届中国算力大会召开期间，算力云服务发展分论坛成功举行，一场智慧共享、理念共享...
2      7月30日，以"算赋百业力导未来"为主题的首届中国算力大会在济南正式开幕，作为全国首个以数据...
3      7月23日，浪潮"云行·边缘云"系列产品在第五届数字中国建设峰会重磅升级，进一步深化"云网边...
4      7月23日，第五届数字中国建设峰会在福建福州成功举办，浪潮云全新产品—云池·云模块产品1....
5      编者按：备受瞩目的2022中国算力大会即将在我市举办，这是全国首个以算力赋能为主题的省部联办...
6      7月21日，由中国信息通信研究院、中国通信标准化协会主办，以"云赋新能，算向未来"为主题的2...
7      7月21日，由中国信息通信研究院、中国通信标准化协会主办，以"云赋新生，算向未来"为主题的2...
8      近日，国际权威分析机构沙利文（Frost&Sullivan）联合头豹研究院发布了《2021年...
9                                                      NaN
10     近日，国际权威IT研究与咨询顾问机构Gartner正式发布《MarketGuideforCl...
```

图 6-5　删除空格并替换空值

第三步：数据读取成功并确认完整后，为了能够更好地对数据进行分析，需要了解每列数据的数据类型。查看数据类型使用 df.dtypes()方法。代码如下所示。

```
# 数据类型查询
dtypes=df.dtypes()
print (dtypes)
```

执行上述代码，运行结果如图 6-6 所示。

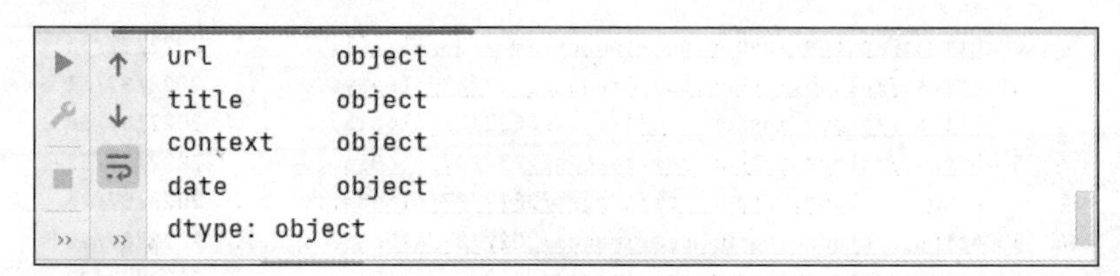

图 6-6　查看数据类型

第四步：验证数据中是否包含缺失值。在数据处理与分析场景中，对缺失值的处理是首先需要完成的工作，因为缺失值会对分析结果造成影响。Pandas 库中通过 df.isnull()方法验证数据中是否包含缺失值。代码如下所示。

```
#检查各行是否存在缺失值
null=df.isnull()
print(null)
# 填充缺失值
df.fillna("无信息", inplace = True)
print (df.head(10))
```

执行上述代码，运行结果如图 6-7 所示。

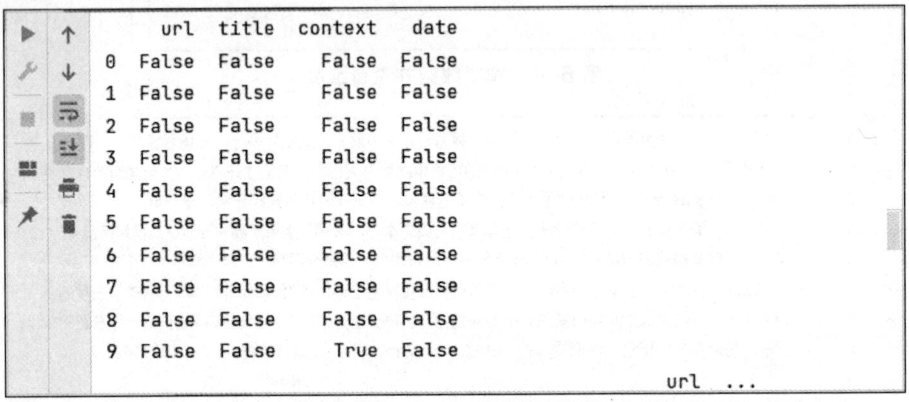

```
     url  title  context   date
0  False  False    False  False
1  False  False    False  False
2  False  False    False  False
3  False  False    False  False
4  False  False    False  False
5  False  False    False  False
6  False  False    False  False
7  False  False    False  False
8  False  False    False  False
9  False  False     True  False
                                        url  ...
```

图 6-7　检查缺失值

第五步：删除重复值。在数据采集过程中，会因为程序中断重启或数据流不稳定等因素出现重复值，最终影响分析结果，而使用 df.drop_duplicates()方法可去除重复值。代码如下所示。

```
# 去除重复值
df.drop_duplicates()
print (df.head(10))
```

执行上述代码，运行结果如图 6-8 所示。

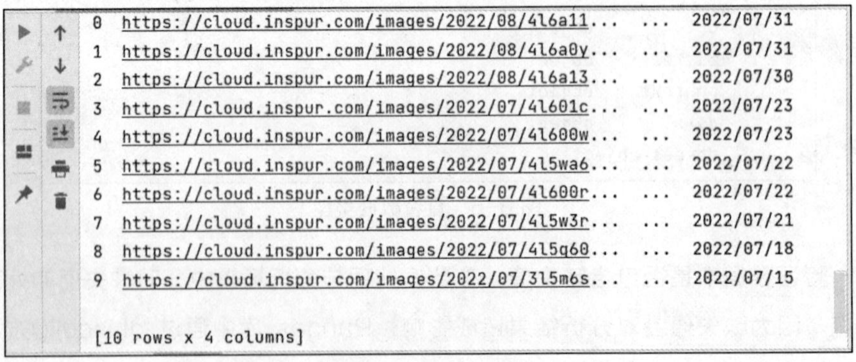

```
0  https://cloud.inspur.com/images/2022/08/4l6a11...  ...  2022/07/31
1  https://cloud.inspur.com/images/2022/08/4l6a0y...  ...  2022/07/31
2  https://cloud.inspur.com/images/2022/08/4l6a13...  ...  2022/07/30
3  https://cloud.inspur.com/images/2022/07/4l601c...  ...  2022/07/23
4  https://cloud.inspur.com/images/2022/07/4l600w...  ...  2022/07/23
5  https://cloud.inspur.com/images/2022/07/4l5wa6...  ...  2022/07/22
6  https://cloud.inspur.com/images/2022/07/4l600r...  ...  2022/07/22
7  https://cloud.inspur.com/images/2022/07/4l5w3r...  ...  2022/07/21
8  https://cloud.inspur.com/images/2022/07/4l5q60...  ...  2022/07/18
9  https://cloud.inspur.com/images/2022/07/3l5m6s...  ...  2022/07/15

[10 rows x 4 columns]
```

图 6-8　去除重复值

第六步：数据操作完成后，通过 df.to_excel()方法将需要的数据保存到本地文件，供后续数据分析、可视化等相关操作使用。代码如下所示。

```
print(df['context'])
df.to_excel('./NewsInformation.xlsx',header=0)
```

执行上述代码，打开保存到本地的 Excel 文件，如图 6-9 所示。

A1 fx 0

	A	B	C	D	E
1	0	https://cloud.inspur.com/i	济南政务	7月31日，在首届中国算力大会召开期间，	2022/07/31
2	1	https://cloud.inspur.com/i	融合算力	7月31日，在首届中国算力大会召开期间，	2022/07/31
3	2	https://cloud.inspur.com/i	算力大会	7月30日，以“算赋百业力导未来”为主	2022/07/30
4	3	https://cloud.inspur.com/i	拓边沉云	7月23日，浪潮“云行·边缘云”系列产	2022/07/23
5	4	https://cloud.inspur.com/i	聚焦低碳	7月23日，第五届数字中国建设峰会在福	2022/07/23
6	5	https://cloud.inspur.com/i	以算力，	编者按：备受瞩目的2022中国算力大会即	2022/07/22
7	6	https://cloud.inspur.com/i	浪潮云IBF	7月21日，由中国信息通信研究院、中国	2022/07/22
8	7	https://cloud.inspur.com/i	再获认可	7月21日，由中国信息通信研究院、中国	2022/07/21
9	8	https://cloud.inspur.com/i	沙利文：	近日，国际权威分析机构沙利文（Frost&	2022/07/18
10	9	https://cloud.inspur.com/i	浪潮云&南	无信息	2022/07/15
11	10	https://cloud.inspur.com/i	Gartner：	近日，国际权威IT研究与咨询顾问机构Ga	2022/07/13
12	11	https://cloud.inspur.com/i	为安全而	在云计算逐步渗透至千行百业的背景下云	2022/07/12
13	12	https://cloud.inspur.com/i	加码数据	导语：6月22日下午，中共中央总书记、	2022/07/04
14	13	https://cloud.inspur.com/i	浪潮云颁	6月30日，第十届全球云计算大会·中国	2022/06/30
15	14	https://cloud.inspur.com/i	浪潮云受	6月30日，由中国电子技术标准化研究院	2022/06/30
16	15	https://cloud.inspur.com/i	浪潮云蝉	近日，赛迪顾问正式发布《2021-2022年	2022/06/24
17	16	https://cloud.inspur.com/i	共赢高质	6月19日-21日，由商务部、山东省人民政	2022/06/22

Sheet1

图 6-9　输出结果

任务 6-2　使用 Pig 实现“浪潮云说”网页数据预处理

任务描述

Pig 是 Apache 旗下的一个免费、开源的大规模数据分析与预处理平台，能够将类 SQL 的数据分析转换为一系列的 MapReduce 运算，为海量数据并行计算提供简单的操作接口。本任务主要通过学习 Pig 大规模数据分析平台，完成对“浪潮云说”网页数据的预处理工作。

素质拓展

正所谓“人无远虑，必有近忧”。忙碌时，不要忘了抽出时间，对事物预先进行规划；喧嚣中，不要忘了保持冷静，对事物预先有个主张。不然，一旦遇到突发事件，便会自乱阵脚，狼狈不堪。不管是生活还是工作，懂得未雨绸缪，可以让自己更加从容。对数据分析来说，数据预处理就是做准备，可以极大地节约数据分析的时间，提高效率。

任务技能

技能点 1　Pig 的简介

微课 6-7　Pig 的简介和配置运行

Pig 是一款基于 Hadoop 的大规模数据分析平台，是 Apache 旗下的免费、开源项目，是 MapReduce 的一个抽象。Pig 是一个工具，用于分析较大数据集，并将较大数据集表示为数据流。Pig 通常与 Hadoop 一起使用。Pig 以 Pig Latin 作为编写数据分析程序的高级语言。Pig Latin 是一种用于分析和探索大型数据集的脚本语言。程序员可以利用 Pig Latin 实现读取、写入和处理数据功能。Pig 的特点如下。

- 丰富的运算符集：Pig 提供许多运算符来执行诸如 join、sort，以及 filter 等操作。
- 易于编程：Pig Latin 与 SQL 类似，如果程序员善于使用 SQL，那么会很容易地编写 Pig 脚本。
- 自动优化：Pig 中的任务自动优化其执行，因此程序员只需要关注语言的语义。
- 可扩展性：使用现有的运算符，程序员可以开发自己的功能来读取、处理和写入数据。
- 用户定义函数：Pig 提供在其他编程语言（如 Java 等）中创建用户自定义函数的功能，并且可以调用或嵌入 Pig 脚本。
- 处理各种数据：使用 Pig 可以分析各种数据，无论是结构化数据还是非结构化数据，处理后会将结果存储在 HDFS 中。

Pig 通常被数据科学家用于执行涉及特定处理和快速原型设计的任务。此外，可以使用 Pig 处理巨大的数据源，如 Web 日志、搜索平台数据、时间敏感数据等。

技能点 2　Pig 配置运行

在开始学习 Apache Pig 数据处理前，需要在服务器中进行 Apache Pig 的安装和配置。接下来在具备 Hadoop 环境的集群或单机中进行 Apache Pig 的安装。

第一步：在浏览器中访问 Apache Pig 官网，单击页面中的“release page”链接，如图 6-10 所示。

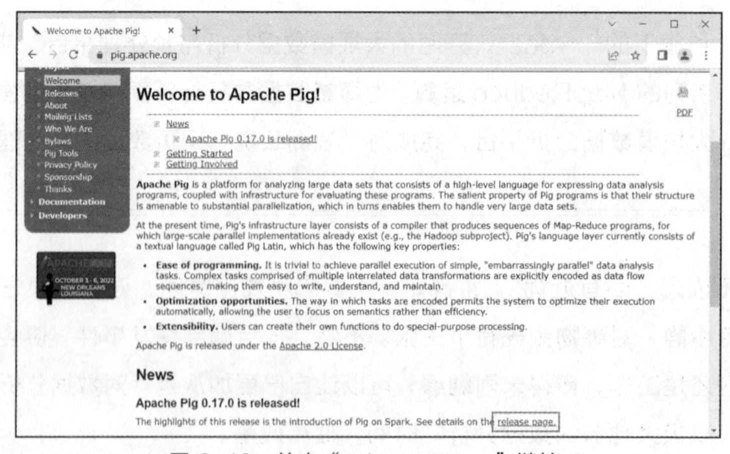

图 6-10　单击“release page”链接

第二步：在 Apache Pig Releases 页面中单击“Download a release now!”链接，跳转到镜像页面，如图 6-11 所示。

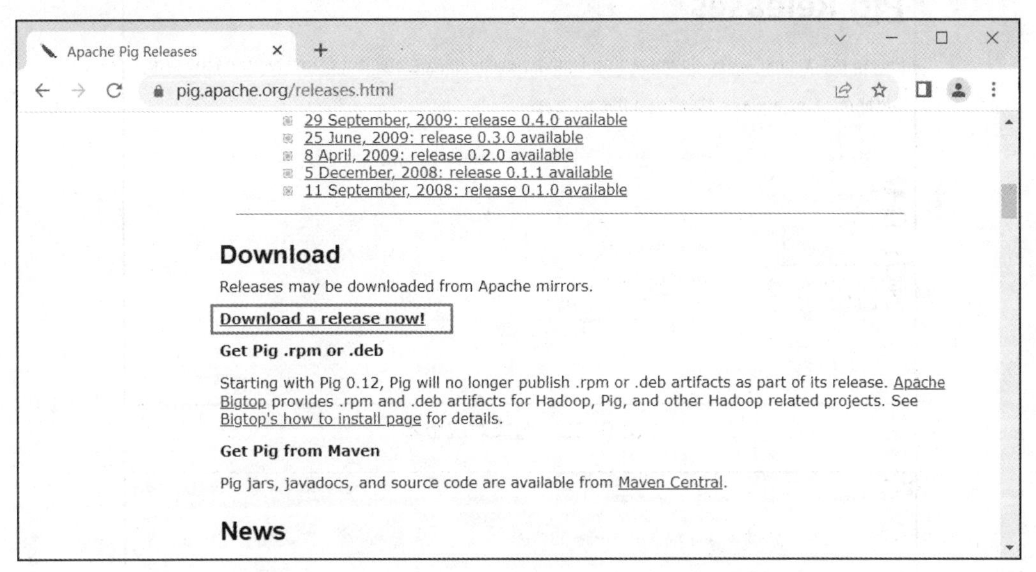

图 6-11　单击“Download a release now!”链接

第三步：单击 Apache Downloads 页面中的镜像链接，进入镜像站点，如图 6-12 所示。

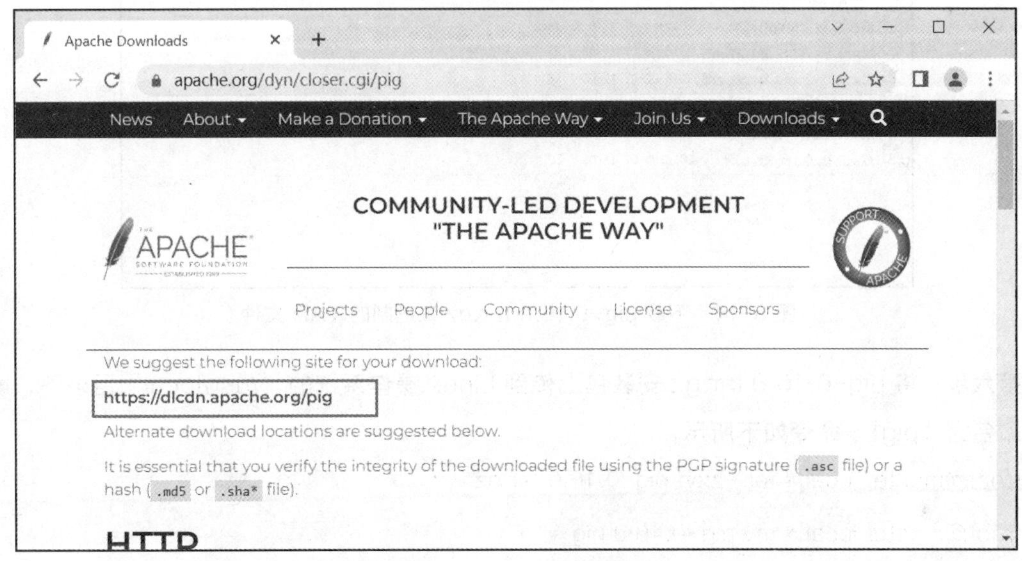

图 6-12　单击镜像链接

第四步：单击对应的镜像链接后，页面会重定向到版本选择页面，这里根据镜像库中提供的版本，选择对应的 Apache Pig 进行下载，如图 6-13 所示。

第五步：单击对应版本的文件夹后打开文件，该文件夹中包含发行版的 Apache Pig 源文件和二进制文件。下载 pig-0.16.0.tar.gz 二进制的 TAR 文件，如图 6-14 所示。

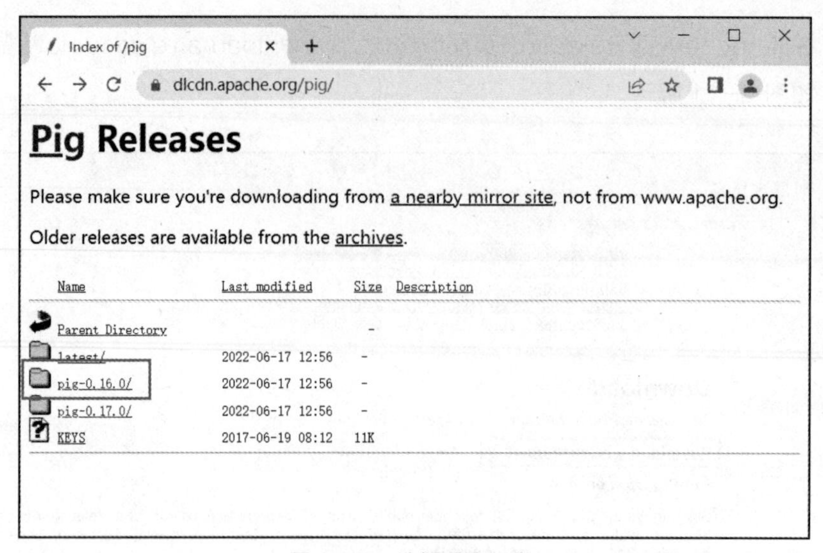

图 6-13　选择对应版本

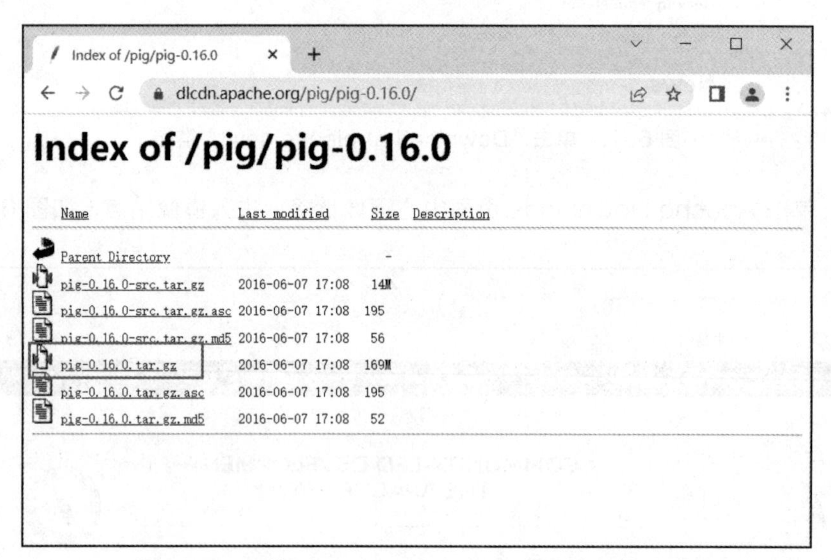

图 6-14　下载 pig-0.16.0.tar.gz 二进制的 TAR 文件

第六步：将 pig-0.16.0.tar.gz 安装包上传到 Linux 操作系统的“/usr/local”目录下，解压并重命名为“pig”。命令如下所示。

```
[root@master local]# tar -zxvf pig-0.16.0.tar.gz
[root@master local]# mv pig-0.16.0 pig
```

执行上述命令，结果如图 6-15 所示。

图 6-15　解压并重命名为“pig”

第七步：配置 Pig 环境变量。由于 Pig 需要获取 Hadoop 的配置文件，所以需要在环境变量中配置 PIG_CLASSPATH 到 Hadoop 的配置文件夹目录。命令如下所示。

```
[root@master local]# vim ~/.bashrc
export PIG_HOME=/usr/local/pig
export PATH=$PATH:$PIG_HOME/bin
export PIG_CLASSPATH=$HADOOP_HOME/etc/hadoop
[root@master local]# source ~/.bashrc
[root@master local]# pig -version
```

执行上述命令，结果如图 6-16 所示。

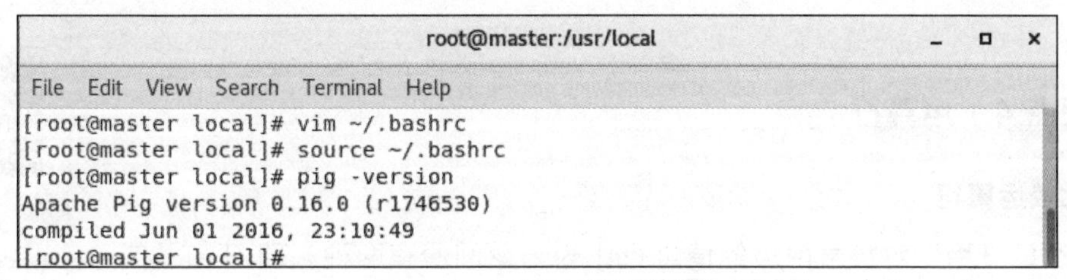

图 6-16　配置 Pig 环境变量

技能点 3　Pig Latin 执行

Apache Pig 提供了 Local 和 MapReduce 两种运行模式。其中，在 Local 模式下，所有文件都从本地主机和文件系统中安装和运行，不需要使用 Hadoop 或 HDFS。此模式多用于测试。MapReduce 模式则使用 Apache Pig 加载或处理 HDFS 中存储的数据。该模式下执行 Pig Latin 语句处理数据时，会调用 MapReduce 作业，对 HDFS 中存储的数据执行特定的操作。Apache Pig 执行机制分为 3 种，即交互模式（Grunt Shell）、批处理模式（脚本），以及嵌入式模式（UDF）。

- 交互模式：使用 Grunt Shell 以交互模式运行 Apache Pig。在此 Shell 中，可以输入 Pig Latin 语句并获取输出。
- 批处理模式：用于执行使用 Pig Latin 语言编写的 Pig 程序脚本。
- 嵌入式模式：用户可通过 Java 语言自定义函数，并在脚本中使用。

调用 Grunt Shell 时，可通过-x 参数指定使用 Local 模式或 MapReduce 模式；退出 Grunt Shell 时，可使用“Ctrl+D”或输入“quit;”按 Enter 键退出。调用 Grunt Shell 的命令如下所示。

```
[root@master local]# pig -x local       # Local 模式
[root@master local]# pig -x mapreduce     # MapReduce 模式
```

执行上述命令，结果如图 6-17 所示。

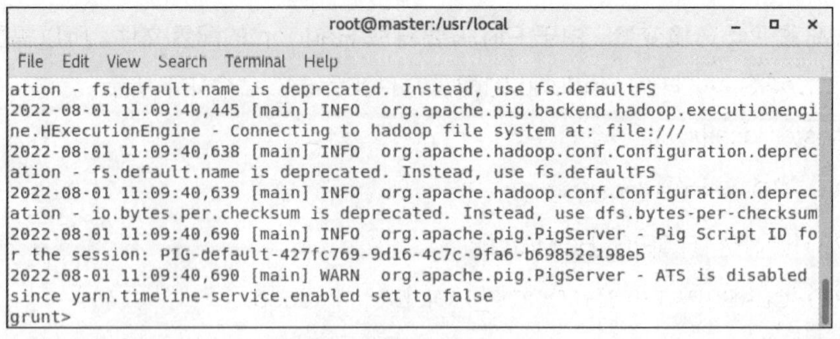

图 6-17 调用 Grunt Shell

调用 Grunt Shell 命令后，程序员可在 Grunt Shell 脚本中编写 Pig 脚本，就像在 Hive 命令行中执行 HQL 一样。Grunt Shell 除了能够执行 Pig 脚本外，还提供了 Shell 执行和程序命令执行功能。

技能点 4 运算符

1. 比较运算符

微课 6-8 比较运算符和类型结构运算符

比较运算符用于对符号两边的值进行比较，返回值有两种，即 True 或 False。比较运算符如表 6-11 所示。

表 6-11 比较运算符

比较运算符	描述
==	等于，检查两个数的值是否相等；如果相等，则返回值为 True
!=	不等于，检查两个数的值是否相等。如果值不相等，则返回值为 True
>	大于，检查左边数的值是否大于右边数的值。如果是，则返回值变为 True
<	小于，检查左边数的值是否小于右边数的值。如果是，则返回值变为 True
>=	大于或等于，检查左边数的值是否大于或等于右边数的值。如果是，则返回值变为 True
<=	小于或等于，检查左边数的值是否小于或等于右边数的值。如果是，则返回值变为 True
matches	模式匹配，检查左侧的字符串是否与右侧的常量匹配

2. 类型结构运算符

Pig Latin 的类型结构运算符主要有 3 个，分别是元组构造函数运算符、包构造函数运算符，以及映射构造函数运算符。其详细说明如表 6-12 所示。

表 6-12 Pig Latin 的类型结构运算符

类型结构运算符	描述	示例
()	元组构造函数运算符。此运算符用于构建元组	(Raju,30)
{}	包构造函数运算符。此运算符用于构造包	{(Raju,30),(Mohammad,45)}
[]	映射构造函数运算符。此运算符用于构造映射	[name # Raja,age # 30]

3. 关系运算符

微课 6-9 关系运算符

Pig Latin 的关系运算符可分为 6 类，分别为加载和存储运算符、诊断运算符、分组运算符、连接运算符、过滤运算符，以及排序运算符。通过对这 6 类运算符的配合使用能够对数据集进行处理。

（1）加载和存储运算符

数据是数据处理的根本，使用 Pig Latin 进行数据处理前需要加载文件系统的数据到程序中，并且在数据处理后将结果保存到文件系统。Pig Latin 为这两类操作提供了 LOAD 运算符和 STORE 运算符，它们的使用方法如下所示。

① LOAD 运算符

LOAD 运算符由两部分构成，使用等号分割，等号左侧需要指定存储数据的关系的名称，等号右侧需要定义存储数据的方式。LOAD 运算符的语法格式如下所示。

```
Relation = LOAD 'Input file path' USING function as schema;
```

LOAD 运算符的参数说明如下所示。

- Relation：设置关系名称。
- Input file path：数据文件在本地或 HDFS 的存储路径。
- function：设置加载数据的文件类型函数，如表 6-13 所示。

表 6-13　加载数据的文件类型函数

函数	描述
PigStorage()	加载和存储结构化文件
TextLoader()	将非结构化数据加载到 Pig 中
BinStorage()	使用机器可读格式将数据加载并存储到 Pig 中
JsonLoader()	将 JSON 数据加载到 Pig 中

- schema：数据模式，加载数据时必须指定数据模式（列名）。其语法格式如下所示。

```
(column1:data type,column2:data type,column3:data type);
```

在 HDFS 中保存 student.txt 文件。文件内容如下所示。

```
1,天天,男
2,依然,男
3,红红,女
4,蓝蓝,女
5,月月,男
6,豆豆,男
```

使用 mapreduce 模式启动 Grunt Shell，将 HDFS 中的 student.txt 文件加载到 Pig 中。需要注意的是，使用 Pig 加载 HDFS 数据时，需要启动 Hadoop 的历史服务(JobHistoryServer)。命令如下所示。

```
[root@master ~]# mr-jobhistory-daemon.sh start historyserver
[root@master ~]# pig -x mapreduce
grunt> student = LOAD 'hdfs://localhost:9000/student.txt' USING PigStorage(',') as (sno:chararray,sname:chararray,sex:chararray);
grunt> dump student;
```

执行上述命令，结果如图 6-18 所示。

```
root@master:/usr/local/inspur/code/pig-code
File Edit View Search Terminal Help
2022-08-01 13:33:22,060 [main] INFO  org.apache.hadoop.mapreduce.lib.input.FileInputFormat - Total input files to process : 1
2022-08-01 13:33:22,061 [main] INFO  org.apache.pig.backend.hadoop.executionengine.util.MapRedUtil - Total input paths to process : 1
(1,天天,男)
(2,依然,男)
(3,红红,女)
(4,蓝蓝,女)
(5,月月,男)
(6,豆豆,男)
grunt>
```

图 6-18　加载数据

② STORE 运算符

在数据处理的场景中，数据通常会超过数十万条，仅靠程序的标准输出既不能满足阅读需求，也不方便进一步应用处理后的数据。因此，数据持久化存储非常有必要。Pig 可以使用 STORE 运算符将加载的数据存储在文件系统中。其语法格式如下所示。

```
STORE Relation INTO ' required_directory_path ' [USING function];
```

STORE 运算符的参数说明如下所示。

- Relation：关系名。
- required_directory_path：关系目标存储路径。
- USING function：加载函数。

将名为“student”的关系中的数据保存到 HDFS 中名为“student_output”的目录并查看。命令如下所示。

```
grunt> STORE student INTO 'hdfs://localhost:9000/student_output' USING PigStorage(',');
grunt> fs -cat /student_output/part-m-00000
```

执行上述命令，结果如图 6-19 所示。

```
root@master:/usr/local/inspur/code/pig-code
File Edit View Search Terminal Help
grunt> fs -cat /student_output/part-m-00000
1,天天,男
2,依然,男
3,红红,女
4,蓝蓝,女
5,月月,男
6,豆豆,男
grunt>
```

图 6-19　存储数据

（2）诊断运算符

Load 运算符用于将数据加载到 Apache Pig 中的指定关系中。若需要验证加载的数据是否正确，则需要用到诊断运算符。Pig Latin 提供了 4 种不同类型的诊断运算符，具体如下。

① dump

dump 运算符用于运行 Pig Latin 语句，并将结果输出到屏幕。此方法通常用于测试。其语法格式如下所示。

```
grunt> dump student;
```

② describe

describe 运算符用于查看关系的模式。其语法格式如下所示。

```
grunt> describe student;
```

③ explain

explain 运算符用于显示关系的逻辑、物理，以及 MapReduce 执行计划。其语法格式如下所示。

```
grunt> explain student;
```

④ illustrate

illustrate 运算符能够输出整个语句逐步执行的结果。其语法格式如下所示。

```
grunt> illustrate student;
```

（3）分组运算符

分组操作在 SQL 中的使用频率很高，Pig Latin 同样提供了对数据进行分组的方法。Group 运算符能够对一个或多个关系中的数据进行分组。Group 运算符的语法格式如下所示。

```
#对单个关系分组
Group_data = GROUP Relation BY Group_key;
#对多个关系分组
Group_data = GROUP Relation1 BY Group_key, Relation_name2 BY Group_key;
```

Group 运算符的参数说明如下所示。

- Relation：设置关系名称。
- Group_key：分组 key。

（4）连接运算符

连接运算操作类似 SQL 中的关联查询。在执行一个数据处理任务时，通常数据文件会保存在多个数据集中，这时就需要使用连接操作。Pig Latin 中的连接运算需要从每个关系中声明一个或一组元组作为 key，当这些 key 匹配时，两个特定的元组匹配，否则记录将被丢弃。连接可以是以下类型：自连接、内连接，以及外连接。

① 自连接

自连接通常会使用不同的关系名加载相同的数据。自连接的语法格式如下所示。

```
Relation3 = JOIN Relation1 BY key, Relation2 BY key ;
```

自连接的参数说明如下所示。

- Relation3：连接后的数据保存的目标关系名称。
- Relation1 与 Relation2：需要连接的两个关系。
- key：连接键值。

② 内连接

内连接是使用比较频繁的连接操作。内连接能够连接两个表中拥有共同谓词的数据并创建新关系。内连接的语法格式如下所示。

```
result = JOIN Relation1 BY columnname, Relation2 BY columnname;
```

内连接的参数说明如下所示。

- Relation1、Relation2：要进行连接操作的两个关系。
- columnname：连接谓词。

③ 外连接

根据外连接方向的不同，可以分为左外连接、右外连接，以及全外连接。

- 左外连接

左外连接能够返回左表中的全部数据，以及右表中与左边匹配的数据，右表中没有匹配到的记录使用空值代替。左外连接语法格式如下所示。

```
outer_right = JOIN Relation1 BY columnname LEFT, Relation2 BY columnname;
```

- 右外连接

右外连接与左外连接的查询效果相反，右外连接能够返回右表中的所有记录和左表中符合条件的记录，左表中若没有对应匹配的记录则使用空值代替。右外连接语法格式如下所示。

```
outer_right = JOIN Relation1 BY columnname RIGHT, Relation2 BY columnname;
```

- 全外连接

全外连接能够返回两个关系中的所有记录，没有对应匹配的记录使用空值代替。全外连接语法格式如下所示。

```
outer_full = JOIN Relation1 BY columnname FULL OUTER, Relation2 BY columnname;
```

（5）过滤运算符

Pig Latin 中包含 3 种过滤运算符，分别是 FILTER、DISTINCT，以及 FOREACH 运算符。

- FILTER。

FILTER 运算符能够根据过滤条件从关系中选择所需的元组。其语法格式如下所示。

```
FILTER Relation BY (condition);
```

- DISTINCT。

DISTINCT 运算符用于从关系中删除冗余（重复）元组。其语法格式如下所示。

```
DISTINCT Relation;
```

- FOREACH。

FOREACH 运算符用于基于列数据生成指定的数据转换。其语法格式如下所示。

```
FOREACH Relation GENERATE (required data);
```

（6）排序运算符

Pig Latin 使用的排序运算符与关系数据库中的排序关键字写法一致，为 ORDER BY。该运算符能够针对一个或多个字段进行排序。ORDER BY 运算符通常会与 LIMIT 运算符一起使用。LIMIT 运算符主要用于截取显示排序后的关系中的指定的元组数量。ORDER BY 运算符与 LIMIT 运算符语法格式如下所示。

```
#ORDER BY 运算符语法
ORDER Relation BY (ASC|DESC);
#LIMIT 运算符语法
LIMIT Relation required number of tuples;
```

技能点 5　内置函数

微课 6-10　内置函数

1. Eval 函数

Eval 函数能够对数据进行简单的统计运算，如计算平均值、最大值、最小值，以及求和等。使用 Eval 函数对数据进行操作时必须对数据分组，分组后 Eval 函数会计算每个组中的对应值。Eval 函数如表 6-14 所示。

表 6-14　Eval 函数

函数	描述
AVG()	计算平均值
BagToString()	将包的元素连接成字符串。在连接时，可以在这些值之间放置分隔符（可选）
CONCAT()	连接两个或多个相同类型的表达式
COUNT()	统计元素数量

续表

函数	描述
MAX()	计算最大值
MIN()	计算最小值
SIZE()	基于任何 Pig 数据类型计算元素的数量
SUM()	获取单列包中某列的数值总和

每个 Eval 函数的使用方法和语法是一致的，下面以 COUNT()函数为例讲解 Eval 函数的使用方法。创建 student.txt 文件并上传到 HDFS 中。文件内容如下所示。

```
1，天天，男，34
2，依然，男，34
3，红红，女，24
4，蓝蓝，女，25
5，月月，男，30
6，豆豆，男，26
```

将文件加载到 Pig 程序并统计数据的行数。命令如下所示。

```
grunt> student = LOAD 'hdfs://localhost:9000/student.txt' USING PigStorage(',') as (sno:c
hararray,sname:chararray,age:chararray);
grunt> student_group_all = Group student All;
grunt> dump student_group_all;
grunt> student_count = foreach student_group_all   Generate COUNT(student.age);
grunt> dump student_count;
```

执行上述命令，结果如图 6-20 所示。

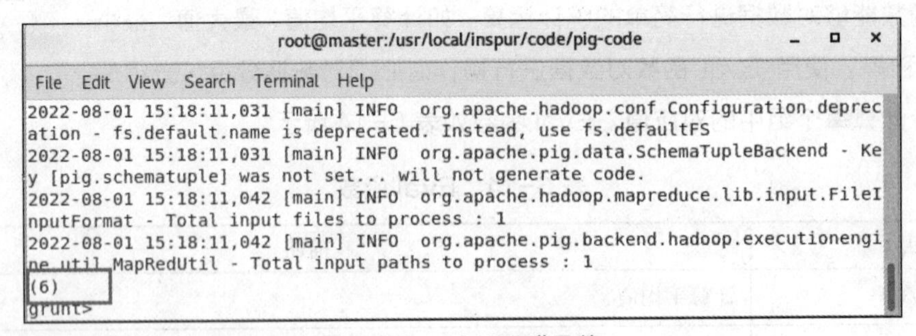

图 6-20　COUNT()函数

2. 字符串函数

字符串函数主要用于对数据中字符串类型的数据进行处理，如大小写转换、截取字符，以及字符比较等。字符串函数如表 6-15 所示。

表 6-15 字符串函数

字符串函数	描述
ENDSWITH(string, testAgainst)	验证字符串是否以特定字符结尾
STARTSWITH(string, substring)	验证第一个字符串是否以第二个字符串开头
SUBSTRING(string, startIndex, stopIndex)	返回来自给定字符串的子字符串
EqualsIgnoreCase(string1, string2)	比较两个字符串，忽略大小写
INDEXOF(string, 'character', startIndex)	返回字符串中指定的第一个出现的字符
LAST_INDEX_OF(expression)	返回字符串中指定的最后一个出现的字符
LCFIRST(expression)	将字符串中的第一个字符转换为小写
UCFIRST(expression)	将字符串中的第一个字符转换为大写
UPPER(expression)	将字符串中的所有字符转换为大写
LOWER(expression)	将字符串中的所有字符转换为小写
REPLACE(string, oldChar, newChar)	使用新字符替换字符串中的现有字符
STRSPLIT(string, regex, limit)	通过给定分隔符拆分字符串
TRIM(expression)	去掉字符串头尾空格
LTRIM(expression)	去掉字符串开头空格
RTRIM(expression)	去掉字符串尾部空格

上述字符串函数的使用方法均一致，根据任务需求选择对应函数传入参数即可。下面以 ENDSWITH()函数为例讲解字符串函数的使用方法。创建 teacher.txt 文件并上传到 HDFS 中。文件内容如下所示。

```
001,Tom,22
002,Jerry,23
003,Maya,23
004,Wall,25
005,David,23
006,Maggy,22
```

将文件中的数据加载到 Pig 中，并验证第 2 列是否以特定字符结尾。命令如下所示。

```
grunt> teacher = LOAD 'hdfs://localhost:9000/teacher.txt' USING PigStorage(',') as (tno:chararray,tname:chararray,age:chararray);
```

```
grunt> t_endswith = FOREACH teacher GENERATE (tno,tname),ENDSWITH (tname,'n');
grunt> dump t_endswith;
```

执行上述命令，结果如图 6-21 所示。

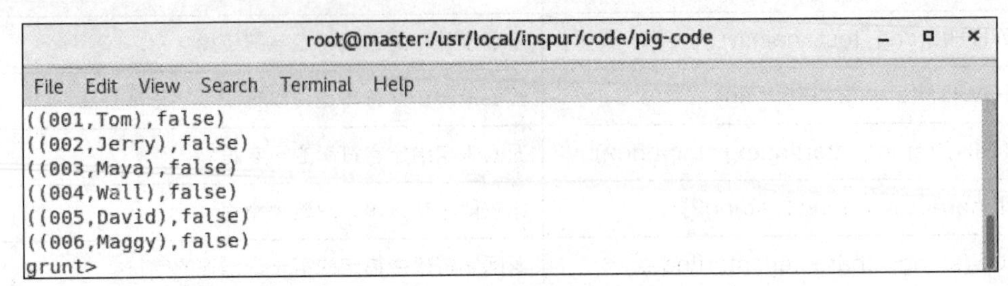

图 6-21　字符串函数

3. 日期和时间函数

日期和时间函数用于对日期类型的数据进行处理，如获取年、月、日、时、分，以及秒等内容。在使用日期和时间函数前，需要使用 ToDate(datetime)函数将数据转换为日期和时间对象，再对日期和时间对象应用日期和时间函数。ToDate()函数的重载方式如表 6-16 所示。

表 6-16　ToDate()函数的重载方式

重载方式	描述
ToDate(milliseconds)	接收毫秒时间并转换为日期和时间对象
ToDate(iosstring)	接收字符串类型的时间，并转换为日期和时间对象
ToDate(userstring, format)	userstring 代表用户输入的时间字符串，format 用于指定用户输入的日期和时间的格式，如 ToDate('1990/12/19 03:11:44', 'yyyy/MM/dd HH:mm:ss')，结果返回 1990-12-19T03:11:44.000+05:30
ToDate(userstring, format, timezone)	该方式较上一行中的方式可多设置一个时区

常用的日期和时间函数如表 6-17 所示。

表 6-17　常用的日期和时间函数

函数	描述
ToDate(datetime)	根据给定的参数返回日期和时间对象
GetDay(datetime)	返回日期和时间对象中的一天
GetHour(datetime)	返回日期和时间对象中的小时
GetMilliSecond(datetime)	返回日期和时间对象中的毫秒
GetMinute(datetime)	从日期和时间对象中返回一小时中的分钟
GetMonth(datetime)	返回日期和时间对象中的月份

续表

函数	描述
GetSecond(datetime)	返回日期和时间对象中的秒
GetWeek(datetime)	从日期和时间对象中返回一年中的周数
GetYear(datetime)	从日期和时间对象中返回年份
DaysBetween(enddatetime, startdatetime)	返回两个日期和时间对象之间的天数
HoursBetween(enddatetime, startdatetime)	返回两个日期和时间对象之间的小时数
MilliSecondsBetween(datetime1, datetime2)	返回两个日期和时间对象之间的毫秒数
MinutesBetween(datetime1,datetime2)	返回两个日期和时间对象之间的分钟数
MonthsBetween(datetime1, datetime2)	返回两个日期和时间对象之间的月数
SecondsBetween(datetime1, atetime2)	返回两个日期和时间对象之间的秒数
WeeksBetween(datetime1, datetime2)	返回两个日期和时间对象之间的周数
YearsBetween(datetime1, datetime2)	返回两个日期和时间对象之间的年数

在使用日期和时间函数时，根据不同的函数参数要求传入相应的参数即可。下面以 GetHour(datetime)函数获取日期和时间对象中的小时为例，介绍日期和时间函数的使用方法。创建 datetest.txt 文件并上传到 HDFS。文件内容如下所示。

```
1,2020/09/26 09:00:00
2,2021/06/20 10:22:00
3,2022/08/01 03:11:44
```

将 datetest.txt 中的数据加载到 Pig 中，并通过 GetHour(datetime)函数获取时间中的小时。命令如下所示。

```
grunt> date_data = LOAD 'hdfs://localhost:9000/datetest.txt' USING PigStorage(',') as
(id:int,date:chararray);
grunt> todate_data = foreach date_data generate ToDate(date,'yyyy/MM/dd HH:mm:ss') as
(date_time:DateTime );
grunt>gethour_data = foreach todate_data generate (date_time), GetHour(date_time);
grunt> dump gethour_data;
```

执行上述命令，结果如图 6-22 所示。

4. 数学函数

数学函数用于对数值类型的数据进行数学运算，如三角函数、平方根、立方根，以及幂运算等。Apache Pig 中常用的数学函数如表 6-18 所示。

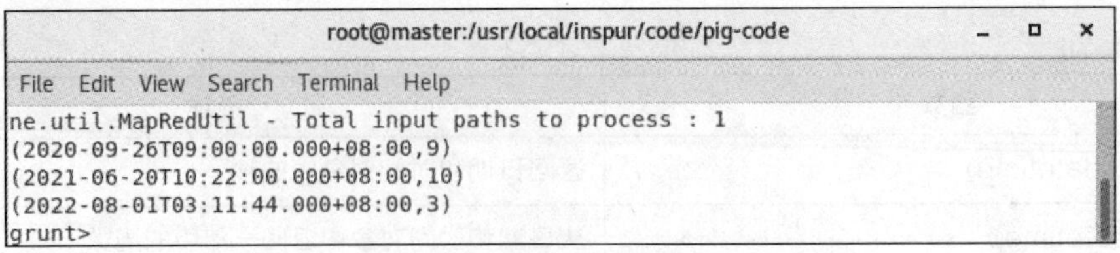

```
root@master:/usr/local/inspur/code/pig-code
File Edit View Search Terminal Help
ne.util.MapRedUtil - Total input paths to process : 1
(2020-09-26T09:00:00.000+08:00,9)
(2021-06-20T10:22:00.000+08:00,10)
(2022-08-01T03:11:44.000+08:00,3)
grunt>
```

图 6-22　获取时间中的小时

表 6-18　常用的数学函数

函数	描述
ABS(expression)	获取表达式的绝对值
ACOS(expression)	获得表达式的反余弦值
ASIN(expression)	获取表达式的反正弦值
ATAN(expression)	获取表达式的反正切值
CBRT(expression)	获取表达式的立方根
CEIL(expression)	获取向上舍入到最接近的整数的表达式的值（近 1 取整）
COS(expression)	获取表达式的三角余弦值
COSH(expression)	获取表达式的双曲余弦值
EXP(expression)	获取 e 的指数
FLOOR(expression)	获取向下取整为最接近整数的表达式的值（四舍五入取整）
LOG(expression)	获取表达式的自然对数（基于 e）
LOG10(expression)	获取表达式的基于 10 的对数
RANDOM( )	获取大于或等于 0.0 且小于 1.0 的伪随机数（double 类型）
ROUND(expression)	将表达式的值四舍五入为整数（结果类型为 float）或四舍五入为长整型（结果类型为 double）
SIN(expression)	获取表达式的正弦值
SINH(expression)	获取表达式的双曲正弦值
SQRT(expression)	获取表达式的正平方根
TAN(expression)	获取角度的三角正切值
TANH(expression)	获取表达式的双曲正切值

上述数学函数的使用方法与传入的参数都相同。下面以使用 ATAN(expression) 函数计算反正切值为例，讲解数学函数的使用方法。创建 math.txt 文件并上传到 HDFS 中。文件内容如下所示。

```
6
17
```

```
10
3.5
6.9
4.1
```

将 math.txt 中的数据加载到 Pig 中，并通过 ATAN(expression)函数计算反正切值。命令如下所示。

```
grunt> math_data = LOAD 'hdfs://localhost:9000/math.txt' USING PigStorage(',') as (data:float);
grunt> atan_data = foreach math_data generate (data), ATAN(data);
grunt> dump atan_data;
```

执行上述命令，结果如图 6-23 所示。

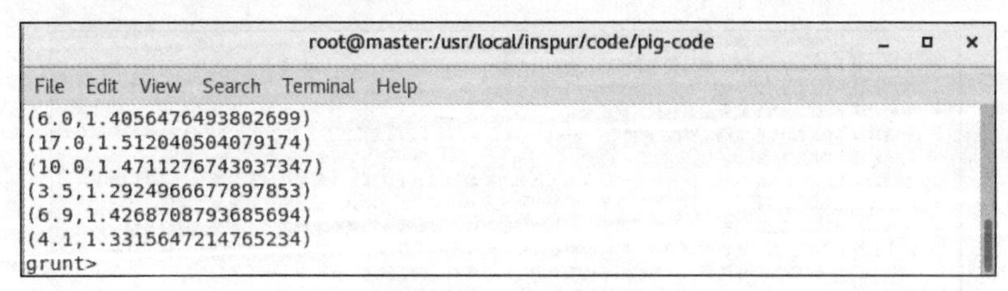

图 6-23　反正切值

任务实施

学习了 Pig 数据分析平台相关知识，读者应掌握 Pig 的安装和配置方法、运算符的使用方法，以及常用的内置函数。下面，本任务将通过如下几个步骤，使用 Pig 实现“浪潮云说”网页数据预处理。

微课 6-11　任务实施

第一步：编写 Python 脚本，首先将元数据文件中多余的空格以及换行符进行替换并填充缺失值，然后，将修改后的结果保存在 CSV 文件。代码如下所示。

```
# 引入 Pandas
import numpy as np
import pandas as pd
# 读取全部数据
df=pd.read_csv("./Cloudtheory.csv",names=['title','date','context'],skipinitialspace=True)
df['context'] = df['context'].str.replace(' ', '')
df['context'] = df['context'].str.replace('\n', '')
df['context'] = df['context'].str.replace('\r', '')
print(df)
```

```
df['context'] = df['context'].replace('', np.nan)
null=df.isnull()
df.fillna("null", inplace = True)
df.to_csv('./Cloudtheory_new.txt',header=0,index=False)
```

执行上述代码，数据预处理完成后保存的结果如图 6-24 所示。

第二步：在 HDFS 中创建名为“Cloudtheory”的目录，并将“Cloudtheory_new.txt”文件上传到该目录下。命令如下所示。

```
[root@master local]# hdfs dfs -mkdir /Cloudtheory
[root@master local]# hdfs dfs -put Cloudtheory_new.txt /Cloudtheory
[root@master local]# hdfs dfs -ls /Cloudtheory
```

1	浪潮云说丨	2022/6/23	随着区块链技术在传统应用中的使用越来越深入，区块链的不可篡改、可溯源、分布式记账
2	浪潮云说丨	2022/4/26	随着信息技术的高速发展和行业数字化转型的快速演进，数据要素的赋能作用日益凸显，为
3	浪潮云说丨	2022/4/19	当前，在新科技革命和产业变革的大背景下，人工智能技术正在蓬勃发展，并已逐渐渗透进
4	浪潮云说丨	2022/4/11	随着信息时代的快速发展，在政务服务大厅、写字楼、商场、机场、医院等场所，自助式服
5	浪潮云说丨	2022/4/6	浪潮云HCP，神秘吧？下面就让我们逐一揭开它的神秘面纱！混合云容器平台（HCP）是面向
6	浪潮云说丨	2022/3/18	无信息
7	浪潮云说丨	2022/3/18	近日，国务院办公厅发布了《关于加快推进电子证照扩大应用领域和全国互通互认的意见》
8	浪潮云说丨	2022/3/14	近日，国家发展改革委等部门正式发布消息，在京津冀、长三角、粤港澳大湾区、成渝、内
9	浪潮云说丨	2022/3/14	设备接入是物联网平台发挥作用的基础，设备接入物联网平台之前，需要通过设备身份认证
10	浪潮云说丨	2022/3/7	知识图谱一词，你可能略有耳闻，却并不知道具体是什么，其实，在生活中，你可能早已使
11	浪潮云说丨	2022/3/7	伴随着信息化浪潮的持续汹涌，信息和数据的膨胀速度犹如坐上火箭般急速蹿升。数据作为
12	浪潮云说丨	2022/2/18	随着数字化转型的迅猛发展，企业和政府建设的应用系统、组织、用户越来越多，如何在众
13	浪潮云说丨	2022/2/18	当前，“碳中和”已成为社会共同关注的目标，实现碳达峰、碳中和是一场广泛而深刻的经
14	浪潮云说丨	2022/2/11	近日，浪潮云收到来自某地区工业和信息化厅一封感谢信。信中指出，在智慧工信综合服务
15	浪潮云说丨	2022/1/28	随着企业的业务需求变化频率激增，DevOps管理多个单独活动比较复杂，且由于人工操作所
16	浪潮云说丨	2022/1/28	化工行业在我国国民经济中占有重要地位，是国家的基础支柱产业，化工产品具有有毒有害
17	浪潮云：数	2022/1/26	国家十四五规划纲要和2035远景目标指出，迎接数字时代，激活数据要素潜能，推进网络强
18	浪潮云说丨	2022/1/23	对话系统并不是一个新兴的概念，始于20世纪60年代。而进入2016年后，短短几个月的时间
19	浪潮云说丨	2022/1/22	随着信息化、网络化、数字化成为社会发展的大趋势，日志分析在各行各业应用的越来越普
20	[illegible]	[illegible]	[illegible]

Cloudtheory_new

图 6-24　数据预处理完成后

执行上述命令，结果如图 6-25 所示。

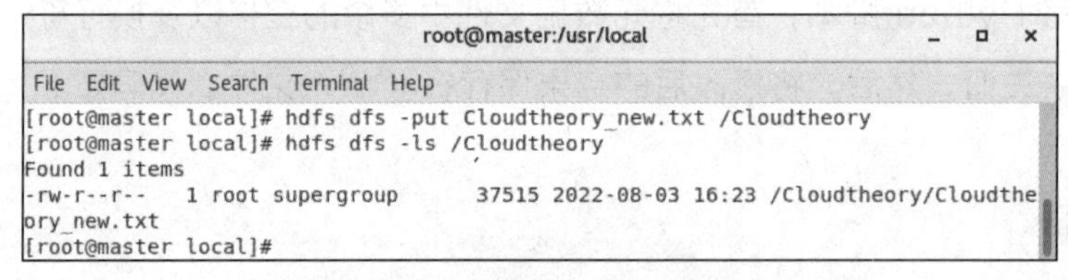

图 6-25　将数据上传到 HDFS

第三步：进入 Pig Latin 的交互式编程模式，使用 LOAD 运算符将数据加载到程序中，并查看数据的前 10 行。命令如下所示。

```
grunt> Cloudtheory = LOAD 'hdfs://localhost:9000/Cloudtheory/Cloudtheory_new.txt' as
(title:chararray,date:chararray,context:chararray);
grunt> lmt = LIMIT Cloudtheory 10;
grunt> dump lmt;
```

执行上述命令，结果如图 6-26 所示。

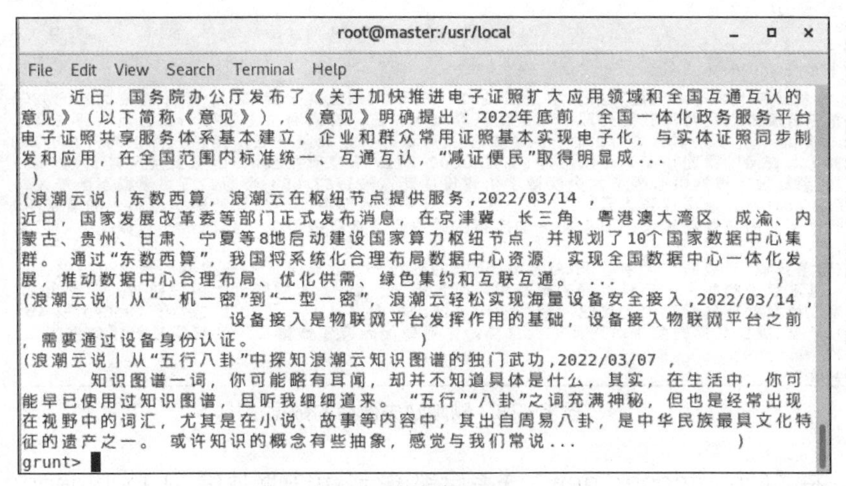

图 6-26　加载数据并查看前 10 行

第四步：查看数据发现 context 列首尾包含多个空格，为了使数据统一，将首尾空格去掉后保存到名为“Cloudtheory_new”的关系中。命令如下所示。

```
grunt> Cloudtheory_new = FOREACH Cloudtheory GENERATE title,date,TRIM(context);
grunt> dump Cloudtheory_new;
```

执行上述命令，去掉空格后的数据如图 6-27 所示。

图 6-27　去掉空格后的数据

第五步：查看数据发现数据中包含少量的缺失值，因为删除缺失值对数据分析结果影响较小，所以使用 FILTER 运算符查询不含有缺失值的行并将结果重新赋值给“Cloudtheory_new”。命令如下所示。

```
grunt> Cloudtheory_new = FILTER Cloudtheory_new by $2!='';
grunt> dump Cloudtheory_new
```

执行上述命令，删除缺失值后的数据如图 6-28 所示。

图 6-28 删除缺失值后的数据

第六步：将“Cloudtheory_new”关系全部进行分组并赋值给“Cloudtheory_group_all”关系，然后，通过 COUNT()函数统计出数据的总量并保存到名为“Cloudtheory_count”的关系中，最后，输出结果。命令如下所示。

```
grunt> Cloudtheory_group_all =Group   Cloudtheory_new All;
grunt> dump Cloudtheory_group_all;
grunt> Cloudtheory_count = FOREACH Cloudtheory_group_all GENERATE COUNT(C
loudtheory_new.title);
grunt> dump Cloudtheory_count;
```

执行上述命令，统计出的总数据量如图 6-29 所示。

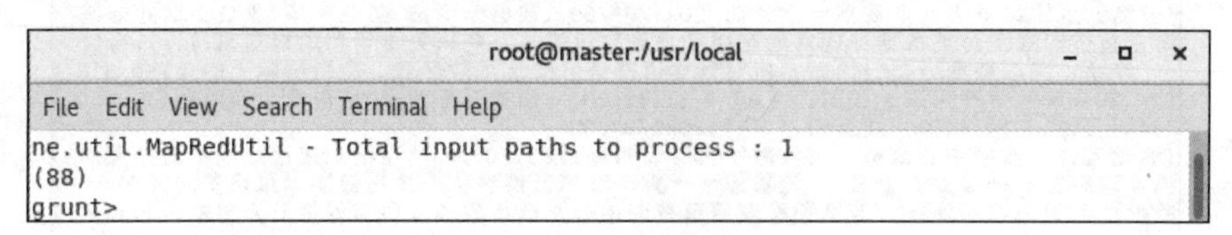

图 6-29 统计总数据量

第七步：对数据按照 date 列进行升序排列，并将结果保存到“Cloudtheory_new_order”。命令如下所示。

```
grunt> Cloudtheory_new_order = ORDER Cloudtheory_new BY date ASC;
grunt> dump Cloudtheory_new_order;
```

执行上述命令，按照 date 列升序排列后的数据如图 6-30 所示。

第八步：将“Cloudtheory_new_order”关系保存到 HDFS 的“pig_output”目录中。命令如下所示。

```
grunt> STORE Cloudtheory_new_order INTO 'hdfs://localhost:9000/pig_output' USING P
igStorage(',');
```

执行上述命令，结果如图 6-31 所示。

```
root@master:/usr/local
File Edit View Search Terminal Help
功能集群的联邦化用户可以手动注册被管理集群，成功注册的集群，将创建一条记录在系统
的集群注册表中。)
(浪潮云说丨IBP数据工场，为您提供自助式数据开发体验,2022/04/11 ,随着信息时代的快
速发展，在政务服务大厅、写字楼、商场、机场、医院等场所，自助式服务为用户带来了方
便快捷的服务体验，长长的排队不见了，冗杂的纸质表单不见了，庞大的服务团队精简了，
用户满意度和参与度显著提升。 数据治理领域自助化程度低自助式服务离不开数据的支撑
，但是在数据自身的开发治理领域...)
(浪潮云说丨越“老”越“香”的AI开发平台,2022/04/19 ,当前，在新科技革命和产业变革的大
背景下，人工智能技术正在蓬勃发展，并已逐渐渗透进社会的各行各业。 但在人工智能技
术的应用过程中，依旧面临数据、算法、技术等方面的挑战，需专业AI开发与计算工具帮助
企业降低AI应用门槛，加速创新。 在此趋势下，AI开发平台纷纷涌现。 AI开发平台出现的
背景传统...)
(浪潮云说丨浪潮云区块链，打造“政务数据可信共享”新模式,2022/04/26 ,随着信息技术的
高速发展和行业数字化转型的快速演进，数据要素的赋能作用日益凸显，为保证数据要素的
有序、安全流动，亟需新兴技术保驾护航。 作为具备分布式、去中心化、不可篡改等特性
的区块链技术，在数据可信共享方面具备天然优势。 政务数据难互通，价值难共享政务数
据的共享开放与应用创新一直以来都是数字政...)
(浪潮云说丨浪潮安全可信区块链平台IBC解密,2022/06/23 ,随着区块链技术在传统应用中
的使用越来越深入，区块链的不可篡改、可溯源、分布式记账等特征在社会治理方面发挥了
一定的作用，并被广泛应用于各个领域，使我国在社会治理方面逐渐趋于智能化、数字化、
法治化。 早在2017年浪潮云就已启动区块链相关产品的研发工作，经多年技术沉淀和众多
项目经验积累，构建了高效精干的区...)
grunt>
```

图 6-30　按照 date 列升序排列

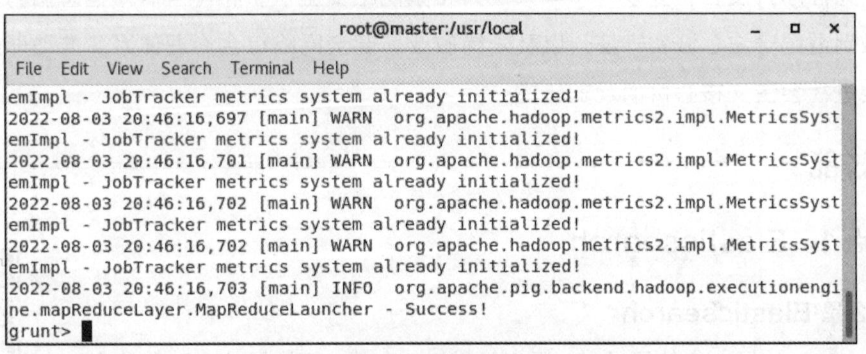

图 6-31　将结果保存到 HDFS

第九步：查看输出目录中是否包含数据。命令如下所示。

```
[root@master ~]# hdfs dfs -ls /pig_output
[root@master ~]# hdfs dfs -cat /pig_output/part-r-00000
```

执行上述命令，结果如图 6-32 所示。

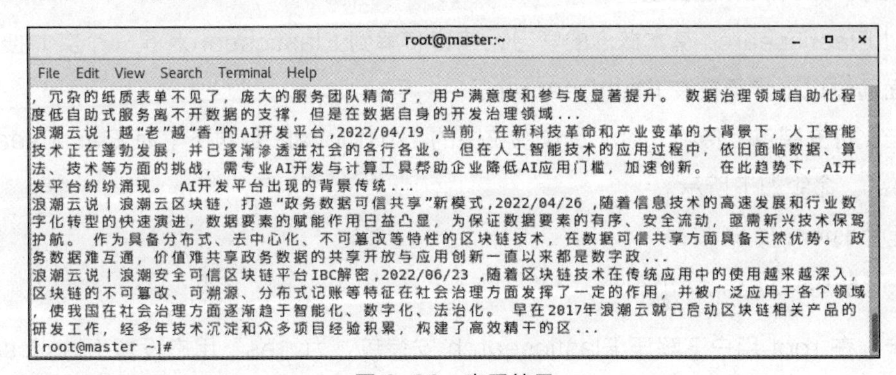

图 6-32　查看结果

任务 6-3　使用 ELK 实现某官网日志数据预处理

任务描述

ELK 是由 3 个开源软件的英文名称首字母组合而成的缩写，即 Elasticsearch、Logstash，以及 Kibana。其中，Elasticsearch 提供数据收集、分析，以及存储三大功能；Logstash 则用于日志的收集、分析，以及过滤；Kibana 为 Logstash 和 Elasticsearch 提供友好的 Web 界面和日志分析功能，可实现快速的数据分析和检索。本任务主要通过对 ELK 的讲解，完成日志分析系统的建立，并对某官网日志数据进行处理。

素质拓展

在“互联网时代”，各大公司通过设计表单网页，借助后台就可以进行个人信息数据的收集与处理。作为程序开发者，要以《中华人民共和国网络安全法》和《互联网信息服务管理办法》为依据，做到遵纪守法、诚实守信，以及爱岗敬业，健全网络综合治理体系，推动形成良好网络生态，并促进社会主义核心价值观的传播。

任务技能

技能点 1　Elasticsearch

1. 什么是 Elasticsearch

微课 6-12　ELK 介绍

Elasticsearch 是一个使用 Java 语言开发、分布式、可扩展的实时搜索和分析引擎，由 Elastic 公司创建、开源和维护。作为 Apache 的开源项目，Elasticsearch 在云计算方面能够提供稳定、可靠，以及快速的实时搜索服务。Elasticsearch 支持多种语言的编程接口，如 Java、.NET（C#）、PHP、Python，以及 Apache Groovy 等。

2. Elasticsearch 的安装

通过对 Elasticsearch 基本概念的学习，读者了解到 Elasticsearch 是一个实时搜索和分析引擎，下面通过以下步骤安装 Elasticsearch。

第一步：将安装包上传到 Linux 操作系统中的“/usr/local”目录下。为 Elasticsearch 创建用户名“es”。命令如下所示。

```
[root@master ~]# adduser es
[root@master ~]# passwd es
```

第二步：在 root 用户下解压 Elasticsearch 安装包，为“es”用户设置 Elasticsearch 的权限。命令如下所示。

```
[root@master local]# tar -zxvf elasticsearch-6.1.0.tar.gz
[root@master local]# chown -R es /usr/local/elasticsearch-6.1.0
```

第三步：进入“./elasticsearch-6.1.0/”目录，修改“./configelasticsearch.yml”配置文件，使任何主机都能够访问 Elasticsearch 配置文件内容以及命令如下所示。

```
[root@master local]# cd ./elasticsearch-6.1.0/
[root@master elasticsearch-6.1.0]# vim ./config/elasticsearch.yml
#将 network.host :前面的“#”号去掉并修改为“:”
network.host: 0.0.0.0
```

修改后配置文件内容如图 6-33 所示。

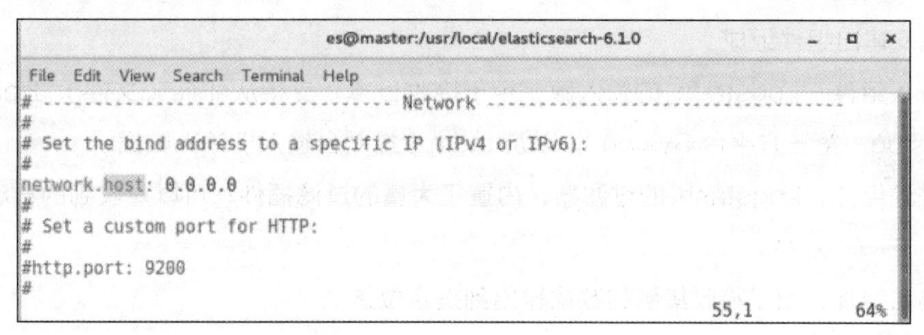

图 6-33 修改为所有 IP 地址均可访问

第四步：对用户的软硬限制进行调整，打开“ /etc/security/limits.conf” 添加配置。配置文件内容如下所示。

```
[root@master elasticsearch-6.1.0]# vim /etc/security/limits.conf
#在文件底部填入如下配置
es soft nofile 65536
es hard nofile 65536
```

第五步：调整虚拟内存大小，将虚拟内存调整至 262144。命令如下所示。

```
[root@master elasticsearch-6.1.0]# vim /etc/sysctl.conf
#添加如下配置
vm.max_map_count=262144
[root@master elasticsearch-8.3.3]# /sbin/sysctl -p
```

第六步：切换到“es”用户，启动 Elasticsearch。命令如下所示。

```
[root@master elasticsearch-6.1.0]# su es
[esuser@master elasticsearch-6.1.0]$ ./bin/elasticsearch
```

执行上述命令，结果如图 6-34 所示。

```
es@master:/usr/local/elasticsearch-8.3.3
File Edit View Search Terminal Help
started [[.security-7][0]]"
[2022-08-02T14:52:18,977][INFO ][o.e.i.g.DatabaseNodeService] [master] successfu
lly loaded geoip database file [GeoLite2-Country.mmdb]
[2022-08-02T14:52:19,128][INFO ][o.e.i.g.DatabaseNodeService] [master] successfu
lly loaded geoip database file [GeoLite2-ASN.mmdb]
[2022-08-02T14:52:19,872][INFO ][o.e.i.g.DatabaseNodeService] [master] successfu
lly loaded geoip database file [GeoLite2-City.mmdb]
```

图 6-34　启动 Elasticsearch

技能点 2　Logstash

1. Logstash 的简介

Logstash 是一款开源的数据收集引擎，其内置了约 200 个插件，可接受各种类型的数据（如日志、网络请求、关系数据库的数据、传感器或物联网数据等）。Logstash 由输入组件、过滤组件，以及输出组件组成。

（1）输入组件：Logstash 的输入源，用于接收日志，支持从 File（文件）、Beats（Beat 组件）、Syslog（第三方平台 Syslog），以及 stdin（控制台输入）输入数据。

（2）过滤组件：Logstash 的过滤器，内置了大量的过滤插件，可以对收到的日志进行各种处理。

（3）输出组件：用于将收集到的数据输出到指定位置。

2. Logstash 的安装

通过对 Logstash 基本概念的学习，读者应了解到 Logstash 与 Flume 一样能够实现数据采集。下面，将通过如下步骤在已安装 Java 开发工具包（Java Development Kit，JDK）的环境中完成 Logstash 的安装。

第一步：将安装包上传到 Linux 操作系统的“/usr/local”目录下，解压并重命名为“logstash”。命令如下所示。

```
[root@master local]# tar -zxvf logstash-8.3.3-linux-x86_64.tar.gz
[root@master local]# mv logstash-8.3.3 logstash
```

第二步：为 Logstash 配置环境变量，完成后查看版本，验证是否配置成功。环境变量涉及内容以及命令如下所示。

```
[root@master local]# vim ~/.bashrc
#在环境变量中输入以下内容
export LOGSTASH_HOME=/usr/local/logstash
export PATH=$PATH:$LOGSTASH_HOME/bin
[root@master local]# source ~/.bashrc
[root@master local]# logstash -V
```

执行上述命令，结果如图 6-35 所示。

```
root@master:/usr/local
File  Edit  View  Search  Terminal  Help
[root@master local]# vim ~/.bashrc
[root@master local]# source ~/.bashrc
[root@master local]# logstash -V
logstash 7.9.1
[root@master local]#
```

图 6-35　Logstash 版本验证

第三步：执行以下 Logstash 命令，测试是否能够正常地输入和输出结果。

```
[root@master local]# logstash -e 'input { stdin { } } output { stdout {} }'
```

执行上述命令，结果如图 6-36 所示。

```
root@master:/usr/local
File  Edit  View  Search  Terminal  Help
Hello
{
          "host" => "master",
      "@version" => "1",
    "@timestamp" => 2022-08-02T08:28:09.100Z,
       "message" => "Hello"
}
```

图 6-36　功能测试

3. Logstash 的配置

在介绍 Logstash 时提到其主要包含 3 个组件，使用 Logstash 进行数据收集仅需配置这 3 个组件就能够完成任务。Logstash 配置文件结构如下所示。

```
input {#输入组件配置
}
Filter{#过滤组件配置
}
output{#输出组件配置
}
```

使用 Logstash 命令启动数据收集任务。启动命令如下所示。

```
logstash -f ./logstash.conf
```

（1）输入组件配置

Logstash 支持多种数据源插件，能够从 stdin、File，以及 Kafka 中获取数据，使用方法如下。

① stdin

stdin 表示标准输入，用于接收命令行中的输入信息，通常用于开发人员对 Logstash 配置进行测试，配置方法如下所示。

```
input {
      stdin{ }
}
```

在“/usr/local/inspur/code/”中创建名为“logstash-code”的目录，并在该目录中新建名为“logstash-test.conf”的配置文件，使用标准输入采集数据，并将结果使用标准输出输出到命令行。配置文件内容以及命令如下所示。

```
[root@master ~]# cd /usr/local/inspur/code/
[root@master code]# mkdir ./logstash-code
[root@master code]# cd ./logstash-code/
[root@master logstash-code]# vim logstash-test.conf    #配置文件内容如下
input {
      stdin{ }   #标准输入
}
output{
      stdout {}   #标准输出
}
[root@master logstash]# logstash -f /usr/local/inspur/code/logstash-code/logstash-test.conf
```

执行上述命令，结果如图 6-37 所示。

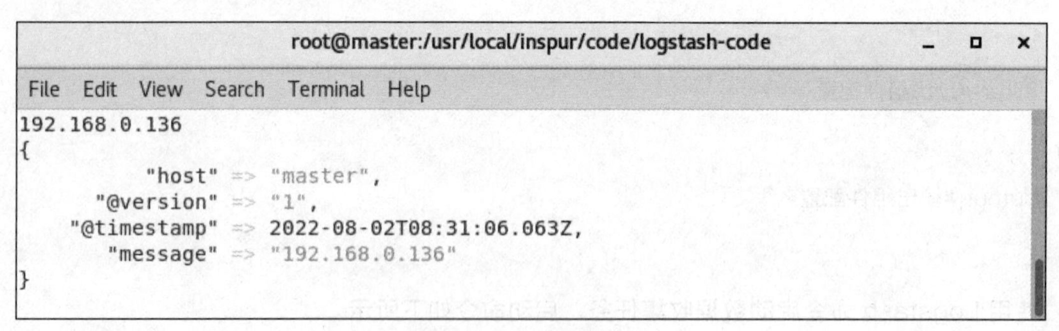

图 6-37　标准输入

② File

File 插件能够以数据流的方式从文件中获取数据，该插件可设置两种操作模式，即 Tail 模式和 Read 模式。在 Tail 模式下，Logstash 会始终监控数据文件并获取新增内容；在 Read 模式下，File 插件会将每个文件都视为完整的，并获取文件的全部内容。File 插件参数配置如表 6-19 所示。

表 6-19　File 插件参数配置

参数	描述
path	数据文件路径
type	用于激活过滤器，可在 Kibana 中进行搜索，值为字符串类型
start_position	选择 Logstash 开始读取文件的位置，值为 begining 或 end
id	为当前插件配置 ID，如果没有指定 ID，Logstash 会自动生成，值为字符串类型
mode	读取模式，值为 Tail 模式或 Read 模式，默认值为 Tail 模式

使用 File 插件收集 httpd 服务器日志数据，设置 ID 为 accelog，并使用标准输出将结果输出到命令行。配置文件内容以及命令如下所示。

```
[root@master logstash-code]# vim logstash-file.conf #配置文件内容如下
input {
file{
        path => ['/var/log/httpd/access_log']
        type => 'logstash_access_log'
        start_position => "beginning"
        id=>"accelog"
}
}
output{
    stdout {}
}
[root@master logstash-code]# logstash -f /usr/local/inspur/code/logstash-code/logstash-file.
conf
```

启动 Logstash 后，访问 httpd 服务器并收集日志数据，如图 6-38 所示。

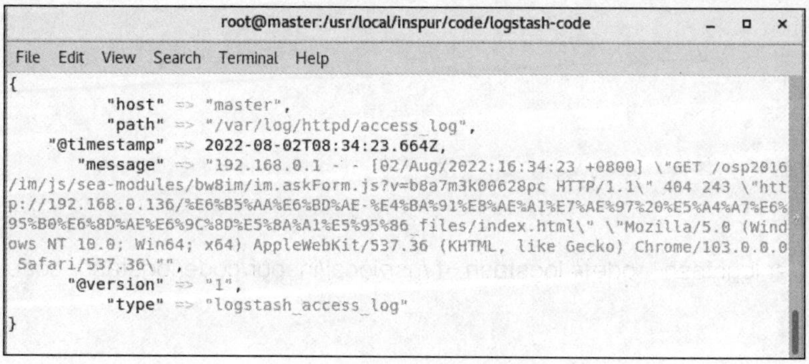

```
root@master:/usr/local/inspur/code/logstash-code
File  Edit  View  Search  Terminal  Help
{
          "host" => "master",
          "path" => "/var/log/httpd/access_log",
    "@timestamp" => 2022-08-02T08:34:23.664Z,
       "message" => "192.168.0.1 - - [02/Aug/2022:16:34:23 +0800] \"GET /osp2016
/im/js/sea-modules/bw8im/im.askForm.js?v=b8a7m3k00628pc HTTP/1.1\" 404 243 \"htt
p://192.168.0.136/%E6%B5%AA%E6%BD%AE-%E4%BA%91%E8%AE%A1%E7%AE%97%20%E5%A4%A7%E6%
95%B0%E6%8D%AE%E6%9C%8D%E5%8A%A1%E5%95%86_files/index.html\" \"Mozilla/5.0 (Wind
ows NT 10.0; Win64; x64) AppleWebKit/537.36 (KHTML, like Gecko) Chrome/103.0.0.0
 Safari/537.36\"",
      "@version" => "1",
          "type" => "logstash_access_log"
}
```

图 6-38　File 插件

③ Kafka

Kafka 插件能够读取 Kafka 的主题中的事件，使 Logstash 可以消费 Kafka 中的数据。Logstash 在消费 Kafka 中的数据时，事件中会包含 Kafka 代理的元数据。元数据说明如下。

① [topic]：原始 Kafka 主题，从此处消费消息。

② [consumer_group]：消费群体。

③ [partition]：此消息的分区信息。

④ [offset]：此消息的原始记录偏移量。

⑤ [timestamp]：记录中的时间戳。

Kafka 插件的必要配置参数如表 6-20 所示。

表 6-20　Kafka 插件的必要配置参数

配置参数	描述
bootstrap_servers	Kafka 主机及端口
topics	要订阅的主题列表
group_id	消费者所属的组的标识符
codec	编码器

使用项目 5 中的任务 5-2 的任务实施的 Flume 配置文件“access_kafka.conf”，启动 Flume 进行数据采集。打开另一个窗口并在“/usr/local/inspur/code/logstash-code/”目录下创建名为“logstash-kafka.conf”的配置文件并启动。配置文件内容以及命令如下所示。

```
[root@master logstash-code]# vim logstash-kafka.conf      #配置文件内容如下
input {
kafka{
    bootstrap_servers=> "master:9092"
    topics => ["flume-topic"]
    codec => "json"
}
}
output{
   stdout {}
}
[root@master logstash-code]# logstash -f /usr/local/inspur/code/logstash-code/logstash-kaf
ka.conf
```

执行上述命令，结果如图 6-39 所示。

```
root@master:/usr/local/inspur/code/logstash-code
File Edit View Search Terminal Help
{
          "tags" => [
        [0] "_jsonparsefailure"
    ],
      "@version" => "1",
    "@timestamp" => 2022-08-02T08:52:12.145Z,
       "message" => "192.168.0.1 - - [02/Aug/2022:16:52:08 +0800] \"GET /osp2016
/im/ajax/ajaxIMTrigger.php?callback=jsonpTriiger&vendorID=850366&clientName=u2_8
50366_803539926912&companyId=0&contactId=0&_=1659430329291 HTTP/1.1\" 404 231 \"
http://192.168.0.136/%E6%B5%AA%E6%BD%AE-%E4%BA%91%E8%AE%A1%E7%AE%97%20%E5%A4%A7%
E6%95%B0%E6%8D%AE%E6%9C%8D%E5%8A%A1%E5%95%86_files/index.html\" \"Mozilla/5.0 (W
indows NT 10.0; Win64; x64) AppleWebKit/537.36 (KHTML, like Gecko) Chrome/103.0.
0.0 Safari/537.36\""
}
```

图 6-39 使用 Logstash 接收 Kafka 数据

（2）过滤组件配置

Logstash 提供数十种过滤插件，并且，在 Logstash 中过滤插件是功能最强大、配置最复杂的插件。过滤插件能够根据要求在采集过程中对数据进行初步的筛选或格式化操作。本部分主要基于日志数据的处理，介绍 Grok 和 GeoIP 两个过滤器的使用方法。

① Grok

Grok 过滤器能够将非结构化数据解析为结构化数据，适用于 Syslog 日志、Apache 和其他网络服务器日志，以及 MySQL 日志等日志文件。

Grok 过滤器可以通过正则表达式解析文本，将非结构化数据构建成结构化数据以方便查询。Grok 过滤器的语法格式如下所示。

```
%{SYNTAX:SEMANTIC}
```

其中，SYNTAX 表示匹配文本使用的模式名称；SEMANTIC 表示为要匹配的文本提供的标识符，可理解为为字段设置名称。Logstash 内置了大量的匹配模式（如正则匹配模式和日志匹配模式），使用对应的匹配模式就能够在日志数据中匹配出相应文本。其常用的正则匹配模式如表 6-21 所示。

表 6-21 Logstash 常用的正则匹配模式

正则匹配模式	描述
IPORHOST	匹配日志中的 IP 地址
HTTPDUSER	匹配 HTTP 用户
WORD	匹配单词
NOTSPACE	匹配空格
IPV4	匹配 IPv4 地址
HOSTNAME	匹配主机名
HTTPDATE	匹配日志数据中的日期

续表

正则匹配模式	描述
QS	匹配报文头
HTTPDATE	匹配 HTTP 日志中的时间
NUMBER	匹配数字
NOTSPACE	用于匹配空格

使用 Grok 过滤器匹配 IPv4 地址，然后使用标准输出将采集结果输出到命令行。logstash-grok.conf 配置文件内容以及命令如下所示。

```
[root@master logstash-code]# vim logstash-grok.conf      #配置文件内容如下
input {
file{
        path => ['/var/log/httpd/access_log']
        type => 'logstash_access_log'
        start_position => "beginning"
        id=>"accelog"
}
}
filter{
grok{
match => {
"message" => "%{IPV4:ip}"
}
}
}
output{
      stdout{}
}
[root@master logstash-code]# logstash -f /usr/local/inspur/code/logstash-code/logstash-gro
k.conf
```

执行上述命令，访问 httpd 服务器并刷新页面，结果如图 6-40 所示。

```
root@master:/usr/local/inspur/code/logstash-code
File Edit View Search Terminal Help
{
            "ip" => "192.168.0.1",
          "host" => "master",
    "@timestamp" => 2022-08-02T08:53:55.044Z,
      "@version" => "1",
          "path" => "/var/log/httpd/access_log",
          "type" => "logstash_access_log",
       "message" => "192.168.0.1 - - [02/Aug/2022:16:53:53 +0800] \"GET /osp2016
/im/ajax/ajaxGetChatStatus.php?visitorID=u2_850366_803539926912 HTTP/1.1\" 404 2
35 \"http://192.168.0.136/%E6%B5%AA%E6%BD%AE-%E4%BA%91%E8%AE%A1%E7%AE%97%20%E5%A
4%A7%E6%95%B0%E6%8D%AE%E6%9C%8D%E5%8A%A1%E5%95%86_files/index.html\" \"Mozilla/5
.0 (Windows NT 10.0; Win64; x64) AppleWebKit/537.36 (KHTML, like Gecko) Chrome/1
03.0.0.0 Safari/537.36\""
}
```

图 6-40　匹配 IP 地址

Logstash 包含大量的正则匹配模式，可帮助开发人员省去大量的拼写正则表达式的时间。同时，Logstash 还提供常用的日志匹配模式，如 httpd、Java，以及 Redis 日志等，可通过指定对应的日志模式匹配日志文件的全部指标。常用的日志匹配模式如表 6-22 所示。

表 6-22　常用的日志匹配模式

匹配模式	描述
HTTPD_COMBINEDLOG	匹配过滤 httpd 日志
JAVACLASS	匹配 Java 类
REDISTIMESTAMP	匹配 Redis 时间
REDISLOG	匹配 Redis 日志

将上述 logstash_grok.amf 配置文件中“Message”的值替换为“HTTPD_COMMONLOG”，匹配日志中包含的所有信息。更改后的配置文件内容及命令如下所示。

```
input {
   file{
          path => ['/var/log/httpd/access_log']
          type => 'logstash_access_log'
          start_position => "beginning"
          id=>"accelog"
   }
}
filter{
     grok{
          match => {
            "message" => "%{HTTPD_COMBINEDLOG}"
```

```
        }
    }
}
output{
    stdout{}
}
[root@master logstash-code]# logstash -f /usr/local/inspur/code/logstash-code/logstash-gro
k.conf
```

执行上述命令，结果如图 6-41 所示。

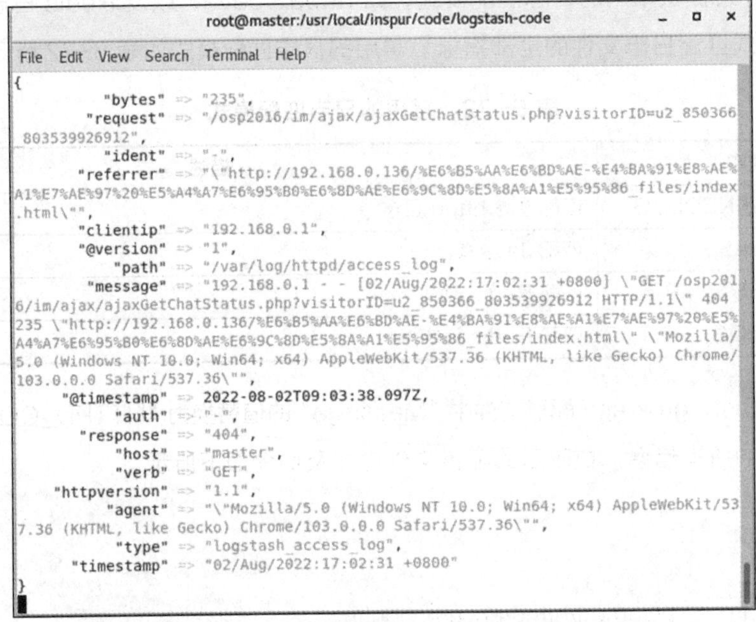

图 6-41　匹配全部日志信息

② GeoIP

GeoIP 过滤器能够根据免费的 IP 地址提供对应的地域信息，包括国家、省市，以及经纬度等。GeoIP 过滤器可用于绘制可视化地图，主要应用在根据地域统计访问流量的场景，并且，通过使用 fields 插件可根据实际需求指定需要显示的字段。GeoIP 过滤器常用的插件如表 6-23 所示。

表 6-23　GeoIP 过滤器常用的插件

插件	描述
source	指定包含 IP 地址的字段名
target	指定地域的字段名称，默认为 GeoIP
fields	设置显示的地域信息，再次使用该插件时必须使用 target

GeoIP 过滤器匹配的地域信息字段如表 6-24 所示。

表 6-24　GeoIP 过滤器匹配的地域信息字段

字段	描述
region_code	省市代码
ip	所查询的 IP 地址
country_name	IP 地址国别
region_name	省份名称
city_name	城市名称
lat	纬度
lon	经度

使用 GeoIP 过滤器查询出 125.36.42.42 所在的位置，要求仅显示 city_name、region_name。修改“logstash-grok.conf”配置文件。修改后配置文件内容以及命令如下所示。

```
[root@master logstash-code]# vim logstash-grok.conf      #配置文件内容如下
input {
stdin{}
}
filter{
  grok{
          match => {"message" => "%{IP:clientip}"}
    }
           geoip {
                 source => ["clientip"]
                 target => ["geoip"]
                 fields => ["city_name","region_name"]
 }
}
output{
        stdout{}
}
[root@master logstash-code]# logstash -f /usr/local/inspur/code/logstash-code/logstash-gro
k.conf
#运行成功后手动输入如下数据
```

```
117.12.144.27 - - [15/Sep/2022:17:06:56 +0800] "GET / HTTP/1.1" 304 - "-" "Mozilla/5.0 (Windows NT 10.0; Win64; x64) AppleWebKit/537.36 (KHTML, like Gecko) Chrome/85.0.4183.83 Safari/537.36"
```

执行上述命令，结果如图 6-42 所示。

```
root@master:/usr/local/inspur/code/logstash-code
File Edit View Search Terminal Help
{
          "host" => "master",
      "clientip" => "117.12.144.27",
       "message" => "117.12.144.27 - - [15/Sep/2022:17:06:56 +0800] \"GET / HTTP
/1.1\" 304 - \"-\" \"Mozilla/5.0 (Windows NT 10.0; Win64; x64) AppleWebKit/537.3
6 (KHTML, like Gecko) Chrome/85.0.4183.83 Safari/537.36\"",
         "geoip" => {
        "country_name" => "China",
                  "ip" => "117.12.144.27",
         "region_name" => "Tianjin",
           "city_name" => "Tianjin"
    },
      "@version" => "1",
    "@timestamp" => 2022-08-02T09:06:07.159Z
}
```

图 6-42　查看指定地域信息

（3）输出组件配置

Logstash 提供了数十种输出插件，能够适应不同的应用场景和业务需求。常用的输出插件就是 stdout 和 Elasticsearch 两类，其中，stdout 在前面的示例中已经应用过。在使用中，可以将Logstash采集的数据输出到Elasticsearch。Elasticsearch插件的常用参数配置如表6-25所示。

表 6-25　Elasticsearch 插件的常用参数

参数	描述
hosts	指定 Elasticsearch 的主机地址和端口
Index	事件索引，默认值为 logstash-%{+YYYY.MM.dd}

在“/usr/local/inspur/code/logstash-code/”目录中创建名为“logstash-es.conf”的配置文件，输出插件设置为 Elasticsearch。配置文件内容以及命令如下所示。

```
[root@master logstash-code]# vim logstash-es.conf     #配置文件内容如下
input {
file{
        path => ['/var/log/httpd/access_log']
        type => 'logstash_access_log'
        start_position => "beginning"
}
```

```
}
filter{
  grok{
        match => {
              "message" => "%{HTTPD_COMBINEDLOG}"
        }
    }
}
output{
      elasticsearch {
     hosts => ["192.168.0.136:9200"]
     index => "httpd_logdata-%{+YYYY.MM.dd}"
    }
}
[root@master logstash-code]# logstash -f /usr/local/inspur/code/logstash-code/
logstash-es.conf
```

执行上述命令，结果如图 6-43 所示。

图 6-43　向 Elasticsearch 加载数据

技能点 3　Kibana

1. Kibana 的简介与安装

Kibana 是一个开源的分析与可视化平台，配合 Elasticsearch 能够实现数据的检索、查看、交互存放，以及数据的可视化，可通过丰富的图表功能直观地展示数据信息，以达到数据分析的目的。Elasticsearch、Logstash，以及 Kibana 这 3 个技术简称为 ELK，利用了典型的模型-视图-控制器模式（Model-View-Controller，MVC）编程思想。其中，Logstash 为控制层，负责收集和过滤数据；Elasticsearch 为数据持久层，负责储存数据；Kibana 为视图层，负责与数据进行交互。Kibana 的安装步骤如下。

第一步：使用 rpm 进行 Kibana 的安装。命令如下所示。

```
[root@master ~]#cd/usr/local
[root@master local]# rpm -ivh kibana-6.1.0-x86_64.rpm
```

执行上述命令，结果如图 6-44 所示。

```
root@master:/usr/local
File Edit View Search Terminal Help
[root@master local]# rpm -ivh kibana-6.1.0-x86_64.rpm
warning: kibana-6.1.0-x86_64.rpm: Header V4 RSA/SHA512 Signature, key ID d88e42b
4: NOKEY
Preparing...                          ################################# [100%]
Updating / installing...
   1:kibana-6.1.0-1                   ################################# [100%]
[root@master local]#
```

图 6-44 安装 Kibana

第二步：设置允许访问 Kibana 的 IP 地址白名单，并设置 Elasticsearch 的服务器和端口。命令如下所示。

```
[root@master local]# vim /etc/kibana/kibana.yml
#Kibana 页面映射在 5601 端口
server.port: 5601
#允许所有 IP 地址访问 5601 端口
server.host: "0.0.0.0"
#Elasticsearch 所在的 IP 地址及监听的地址
elasticsearch.url: "http://localhost:9200"
```

第三步：启动 Kibana，此时，需要注意 Elasticsearch 应保证为启动状态。命令如下所示。

```
[root@master local]# systemctl start kibana
[root@master local]# systemctl status kibana
```

执行上述命令，结果如图 6-45 所示。

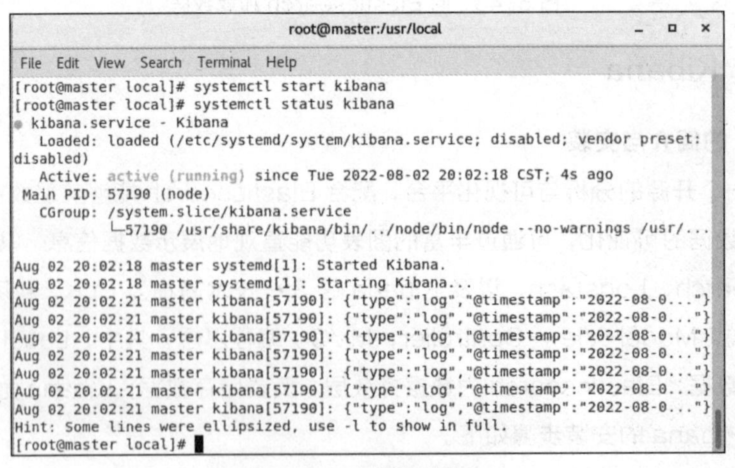

图 6-45 查看启动状态

第四步：使用浏览器访问服务器的 5601 端口，进入 Kibana 的主页面，如图 6-46 所示。

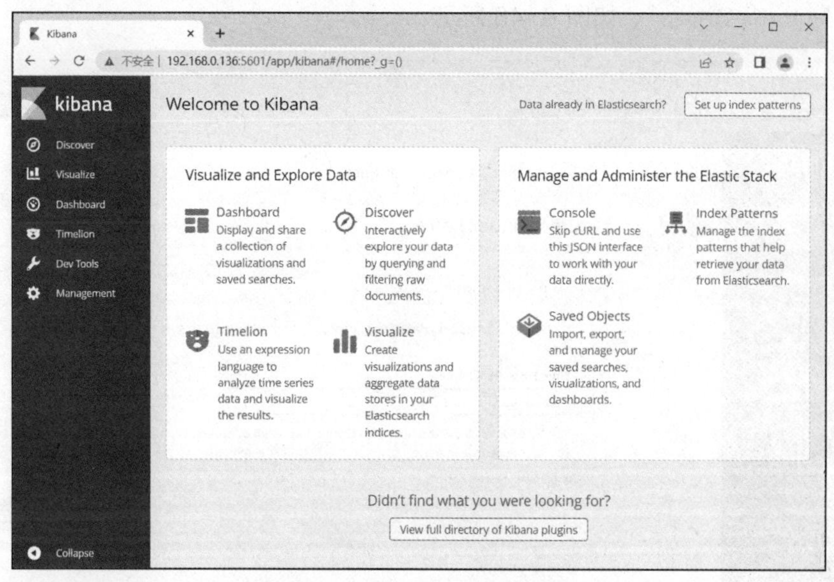

图 6-46　Kibana 的主页面

2. Kibana 的索引与图标

Kibana 提供了非常丰富的数据处理与可视化功能，其中，使用频率较高的是索引的创建和图表的创建。这两个功能能够帮助开发人员快速建立一个可视化的“仪表”，使数据更直观。索引和图表的创建方法如下。

（1）创建索引

单击“Management”→“Kibana”→“Create index Pattern”进入创建索引模式页面，在此页面中设置索引匹配模式为“httpd_logdata*”，如图 6-47 所示。

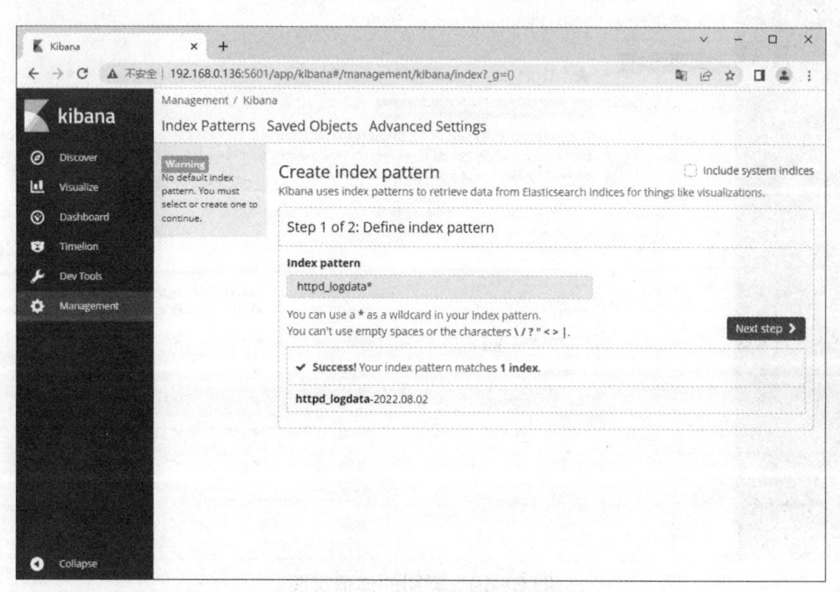

图 6-47　设置索引匹配模式

单击“Next step”按钮后，设置“Time Filter field name”，即用于时间过滤的字段名称，一般设置为“@timestamp”，如图 6-48 所示。

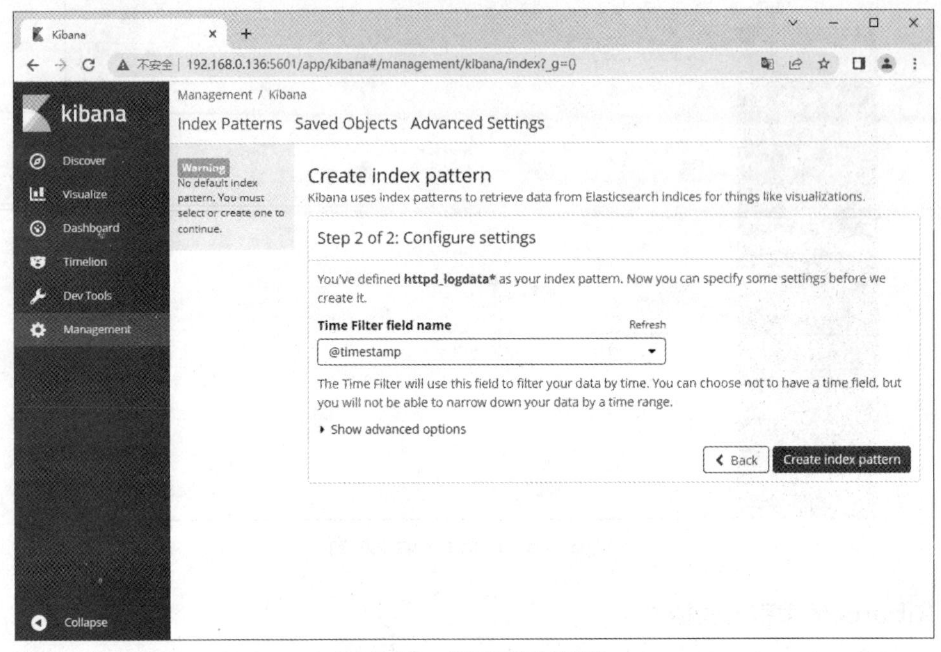

图 6-48　设置时间过滤器

索引创建完成后，会跳转到索引的详情页面，其中，包含所有的索引、当前索引的详细信息等内容。fields 选项卡列出了数据的所有字段，以及字段的数据类型等信息，如图 6-49 所示。

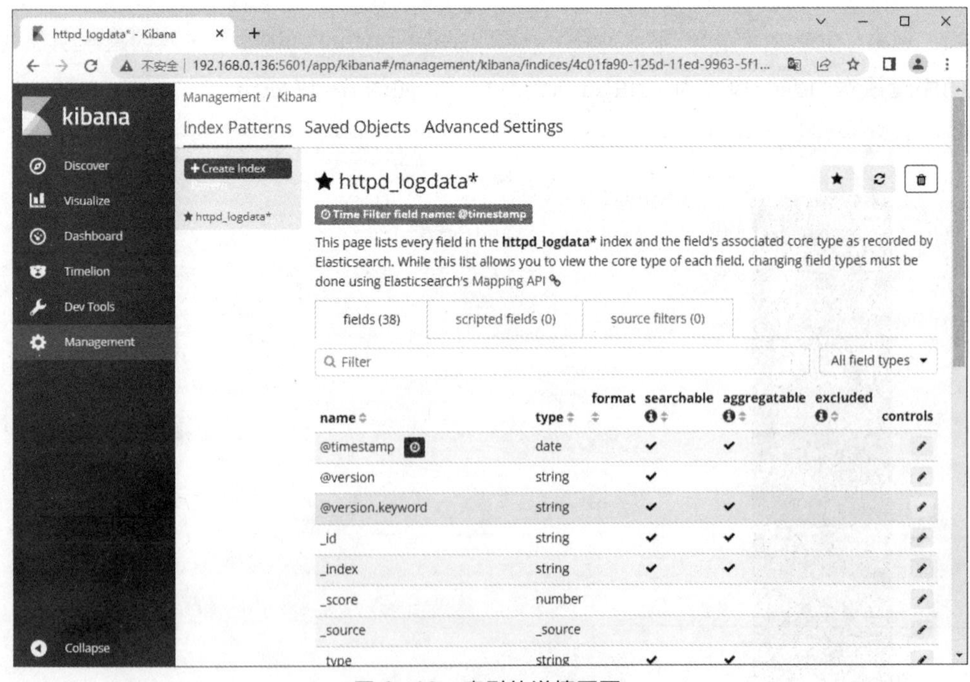

图 6-49　索引的详情页面

（2）创建图表

图表和索引是相辅相成的，在使用 Kibana 图表功能创建图表前，需要创建索引，根据索引的字段等内容创建图表并进行数据的分析。常用的图表类型有柱状图、折线图，以及饼状图等。单击左侧的“Visualize”进入创建图表的控制页面，此时提示还没有任何可视化图表，单击“Create a visualization”创建可视化图表，此时，将对能够使用的图表类型进行展示，如图 6-50 所示。

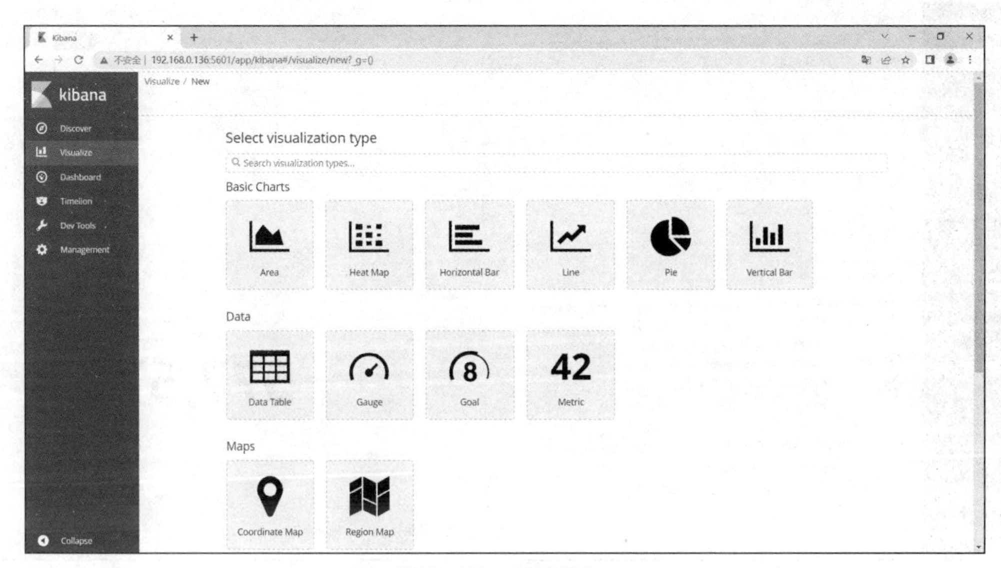

图 6-50　创建图表

单击对应图表后，需要设置根据索引进行数据的抽取，如图 6-51 所示。

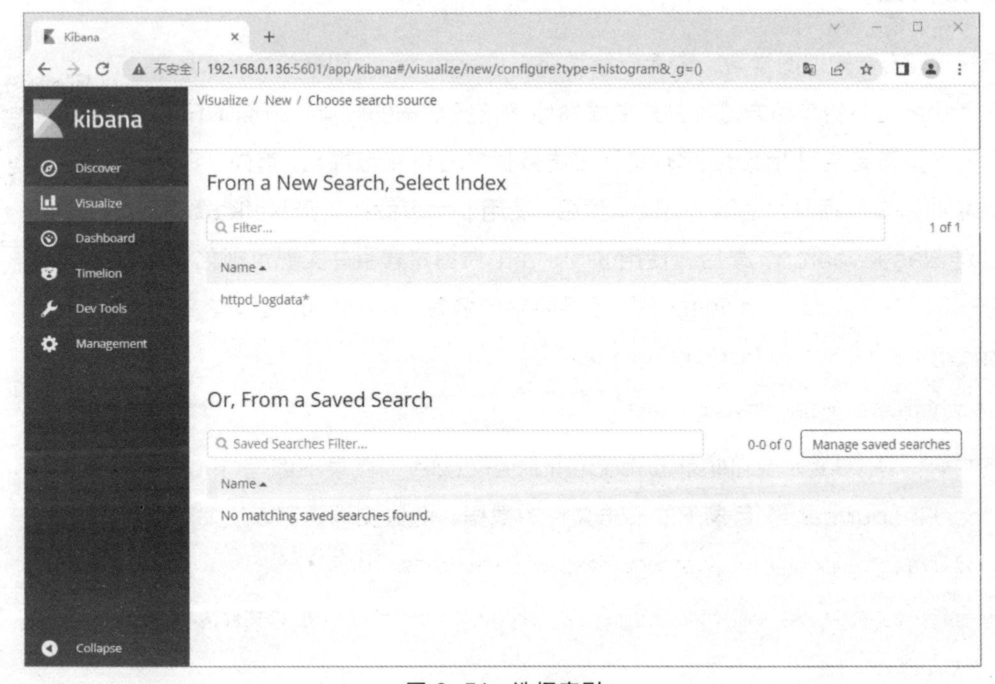

图 6-51　选择索引

（3）创建仪表

Kibana 可视化图表创建完成后，可对图表进行排版组合，使其形成一个可视化大屏，并且能够选择查看某一时间段的分析数据，Dashboard 如图 6-52 所示。

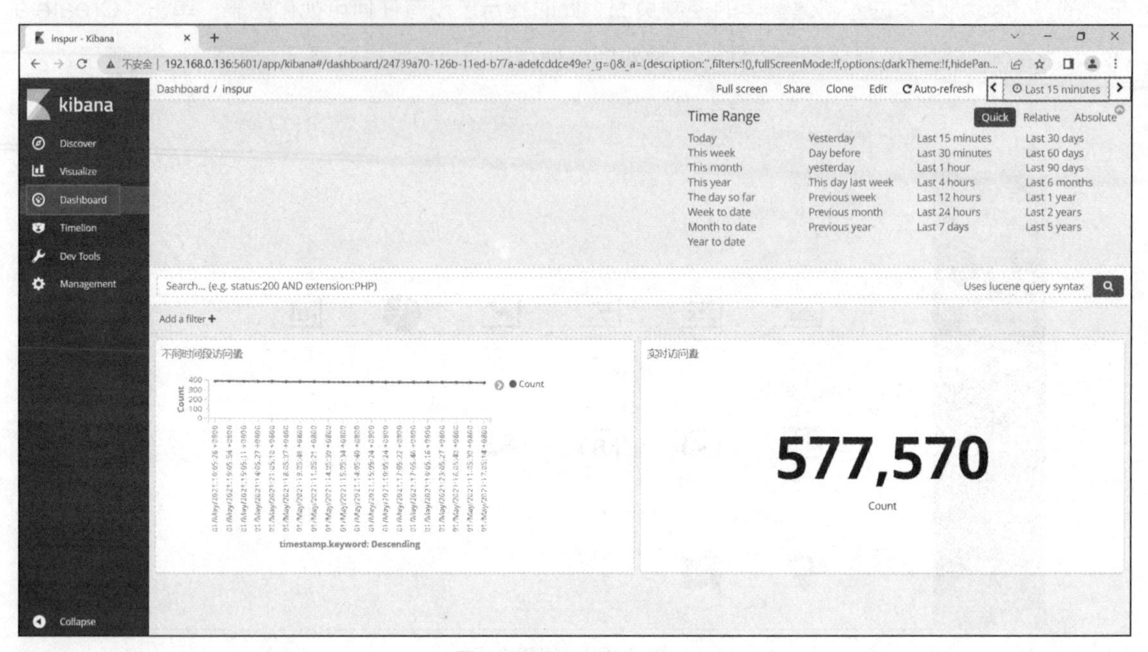

图 6-52　Dashboard

任务实施

通过对 ELK 知识的学习，读者已经掌握了 Logstash、Elasticsearch，以及 Kibana 工具的使用方法，并且能够熟练地进行数据的收集。下面本任务将通过以下步骤完成对 Insupr 官网访问日志数据的分析和可视化。首先，使用 Flume 实时采集数据并发送到 Kafka，然后，使用 Logstash 消费 Kafka 数据并输出到 Elasticsearch，最后，使用 Kibana 工具创建索引并实现可视化。

微课 6-13　任务实施

第一步：在“/usr/local/inspur/”目录中创建名为“data”的文件夹，命令如下所示。

```
[root@master ~]# cd /usr/local/inspur/
[root@master local]# mkdir ./data
```

第二步：在“/usr/local/inspur/code/flume-code/”目录下编写 Flume 配置文件，采集“/usr/local/inspur/data”目录下的日志文件的数据。配置文件内容以及命令如下所示。

```
[root@master local]# cd ./usr/local/inspur/code/flume-code/
[root@master flume-code]# vim inspur-log-kafka.conf      #配置文件内容如下
a1.sources = s1
```

```
a1.sinks = k1
a1.channels = c1
#数据源配置
a1.sources.s1.type= spooldir
a1.sources.s1.spoolDir = /usr/local/inspur/data
a1.sources.s1.channels=c1
a1.sources.s1.fileHeader = false
a1.sources.s1.interceptors = i1
a1.sources.s1.interceptors.i1.type = timestamp
a1.sinks.k1.type = org.apache.flume.sink.kafka.KafkaSink
a1.sinks.k1.topic = inspur-topic
a1.sinks.k1.brokerList = 192.168.0.136:9092
a1.sinks.k1.requiredAcks = 1
a1.channels.c1.type = memory
a1.channels.c1.capacity = 1000
a1.channels.c1.transactionCapacity = 100
a1.sources.s1.channels = c1
a1.sinks.k1.channel = c1
[root@master flume-code]# cd /usr/local/flume/bin/
[root@master bin]#./flume-ng agent --conf conf --conf-file /usr/local/inspur/code/
flume-code/example.conf --name a1
```

执行上述命令，结果如图 6-53 所示

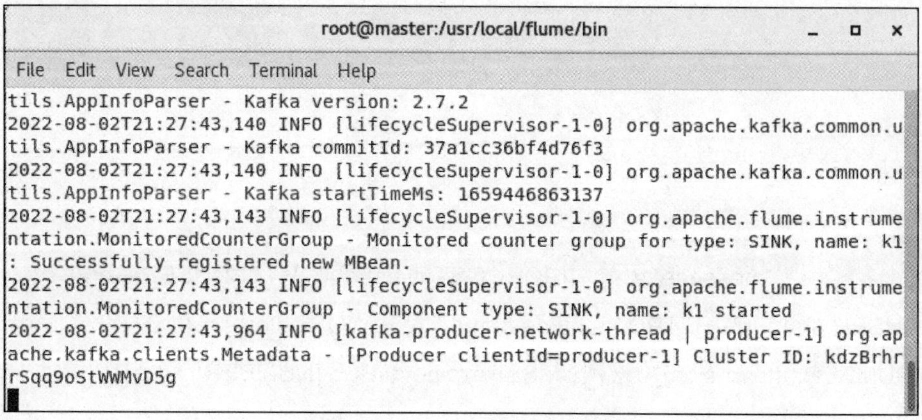

```
root@master:/usr/local/flume/bin
File Edit View Search Terminal Help
tils.AppInfoParser - Kafka version: 2.7.2
2022-08-02T21:27:43,140 INFO [lifecycleSupervisor-1-0] org.apache.kafka.common.u
tils.AppInfoParser - Kafka commitId: 37a1cc36bf4d76f3
2022-08-02T21:27:43,140 INFO [lifecycleSupervisor-1-0] org.apache.kafka.common.u
tils.AppInfoParser - Kafka startTimeMs: 1659446863137
2022-08-02T21:27:43,143 INFO [lifecycleSupervisor-1-0] org.apache.flume.instrume
ntation.MonitoredCounterGroup - Monitored counter group for type: SINK, name: k1
: Successfully registered new MBean.
2022-08-02T21:27:43,143 INFO [lifecycleSupervisor-1-0] org.apache.flume.instrume
ntation.MonitoredCounterGroup - Component type: SINK, name: k1 started
2022-08-02T21:27:43,964 INFO [kafka-producer-network-thread | producer-1] org.ap
ache.kafka.clients.Metadata - [Producer clientId=producer-1] Cluster ID: kdzBrhr
rSqq9oStWWMvD5g
```

图 6-53　启动 Flume 数据采集

第三步：使用“es”用户启动 Elasticsearch 服务。命令如下所示。

```
[root@master bin]# su es
[es@master bin]# cd /usr/local/elasticsearch-6.1.0/
[es@master elasticsearch-6.1.0]$ ./bin/elasticsearch
```

执行上述命令，结果如图 6-54 所示。

```
es@master:/usr/local/elasticsearch-6.1.0
File Edit View Search Terminal Help
JwMJBiTveMNoV63reoMg}{kOiVDLtkSgOIIWb-1SwfYw}{192.168.0.136}{192.168.0.136:9300}
 committed version [1] source [zen-disco-elected-as-master ([0] nodes joined)]])
[2022-08-02T21:30:43,342][INFO ][o.e.h.n.Netty4HttpServerTransport] [QBJwMJB] pu
blish_address {192.168.0.136:9200}, bound_addresses {[::]:9200}
[2022-08-02T21:30:43,342][INFO ][o.e.n.Node               ] [QBJwMJB] started
[2022-08-02T21:30:43,707][INFO ][o.e.g.GatewayService     ] [QBJwMJB] recovered
[3] indices into cluster_state
[2022-08-02T21:30:56,107][INFO ][o.e.c.r.a.AllocationService] [QBJwMJB] Cluster
health status changed from [RED] to [YELLOW] (reason: [shards started [[inspur-l
ogdata-2022][3]] ...]).
```

图 6-54　启动 Elasticsearch

第四步：使用 Logstash 消费 Kafka 的数据并对其进行正则匹配，将结果输出到 Elasticsearch，设置 index 为“inspur-logdata-2022”。配置文件内容以及命令如下所示。

```
[root@master ~]# cd /usr/local/inspur/code/logstash-code/
[root@master logstash-code]# vim logstash-inspur.conf    #配置文件内容如下
input{
  kafka{
    bootstrap_servers=> "master:9092"
    topics => ["inspur-topic"]
    codec => "json"
}
}
filter{
  grok{
        match => {
                "message" => "%{IPORHOST:clientip} %{HTTPDUSER:ident}
%{HTTPDUSER:auth} \[%{HTTPDATE:timestamp}\] \"%{WORD:verb} %{NOTSPACE:request}(?:
HTTP/%{NUMBER:httpversion})\" %{NUMBER:response}\ %{NUMBER:bytes}"
        }
```

```
}
    geoip {
    source => "clientip"
}
}
output{
    elasticsearch {
     hosts => ["192.168.0.136:9200"]
     index => "inspur-logdata-2022"
   }

      stdout{
          codec => rubydebug
      }
}
[root@master logstash-code]# cd /usr/local/logstash/
[root@master logstash]# logstash -f /usr/local/inspur/code/logstash-code/logstash-inspur.co
nf
```

执行上述命令，结果如图 6-55 所示。

```
root@master:/usr/local/logstash
File  Edit  View  Search  Terminal  Help
 partitions: inspur-topic-0
[2022-08-02T21:37:51,201][INFO ][org.apache.kafka.clients.consumer.internals.Con
sumerCoordinator][main][30600b1cf3a505ad0fd3f418237fc9528bf1691a7977dee95d04ec4e
048d3f56] [Consumer clientId=logstash-0, groupId=logstash] Found no committed of
fset for partition inspur-topic-0
[2022-08-02T21:37:51,263][INFO ][org.apache.kafka.clients.consumer.internals.Sub
scriptionState][main][30600b1cf3a505ad0fd3f418237fc9528bf1691a7977dee95d04ec4e04
8d3f56] [Consumer clientId=logstash-0, groupId=logstash] Resetting offset for pa
rtition inspur-topic-0 to offset 0.
```

图 6-55　启动 Logstash

第五步：将日志文件上传到“/usr/local/inspur/data”目录下，查看 Logstash 窗口输出内容，如图 6-56 所示。

第六步：使用浏览器访问 Kibana 页面，为“inspur-logdata-2022”创建索引，在索引匹配模式中输入“inspur-logdata-*”后，页面下方提示“Success! Your index pattern matches 1 index.”，然后，单击“Next step”按钮，如图 6-57 所示。

```
root@master:/usr/local/logstash
File  Edit  View  Search  Terminal  Help
            "lat" => 47.0728
        },
         "country_code3" => "CH",
              "latitude" => 47.0728
    },
          "bytes" => "51"
}
{
      "timestamp" => "01/May/2021:17:05:32 +0800",
       "@version" => "1",
           "auth" => "-",
           "tags" => [
        [0] "_jsonparsefailure"
    ],
        "message" => "132.135.110.97 - - [01/May/2021:17:05:32 +0800] \"GET /sta
tic/image/magic/bump.small.gif HTTP/1.1\" 200 162\r",
           "verb" => "GET",
       "response" => "200",
       "clientip" => "132.135.110.97",
          "ident" => "-",
    "httpversion" => "1.1",
```

图 6-56　Logstash 窗口输出内容

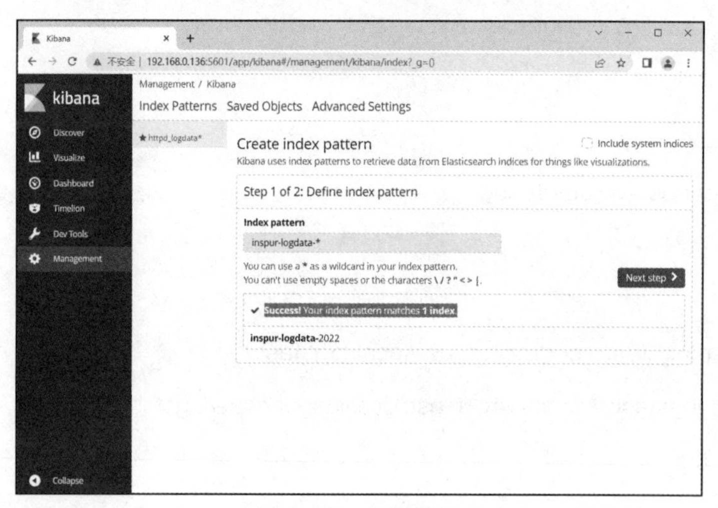

图 6-57　创建索引

第七步：设置时间过滤器字段名称。在“Time Filter field name”下拉列表中选择“@timestamp”单击“Create index pattern”按钮，如图 6-58 所示。

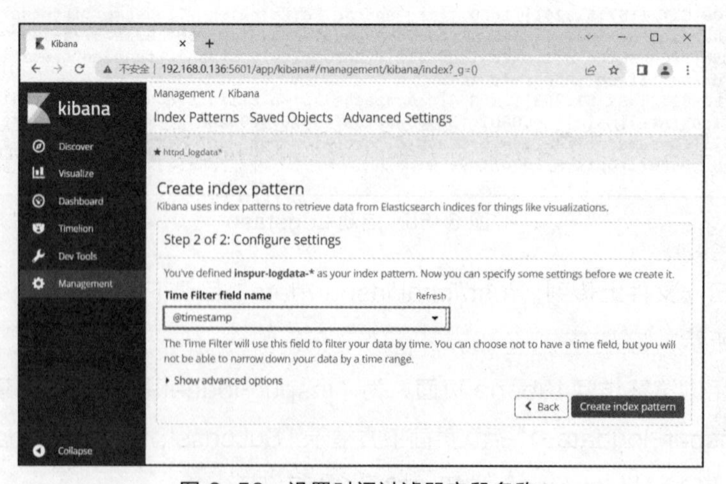

图 6-58　设置时间过滤器字段名称

第八步：绘制不同时间段访问量图表。单击页面左侧的“Visualize”，进入可视化页面，单击“Create a visualization”。创建“Line”，设置“X-Axis”下的“Aggregation”为“Terms”，“Field”为“timestamp.keyword”，“Size”为“20”，如图 6-59 所示。

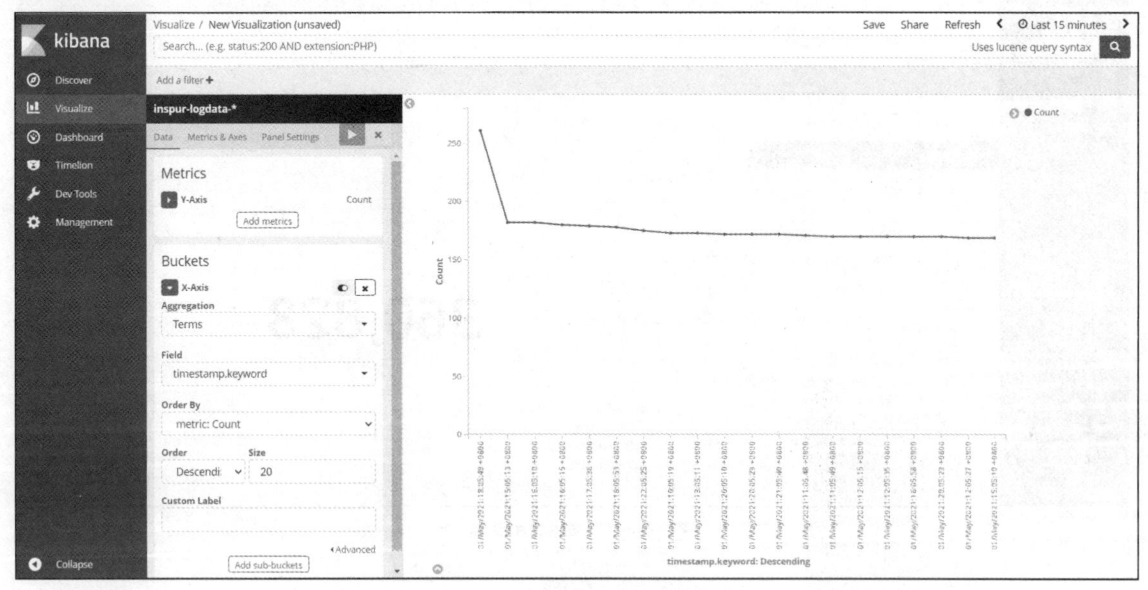

图 6-59　不同时间段访问量

第九步：保存可视化图表。单击“Save”选项，在“Save Visualization”栏中输入名称“不同时间段访问量”后，单击“Save”按钮完成图表保存，如图 6-60 所示。

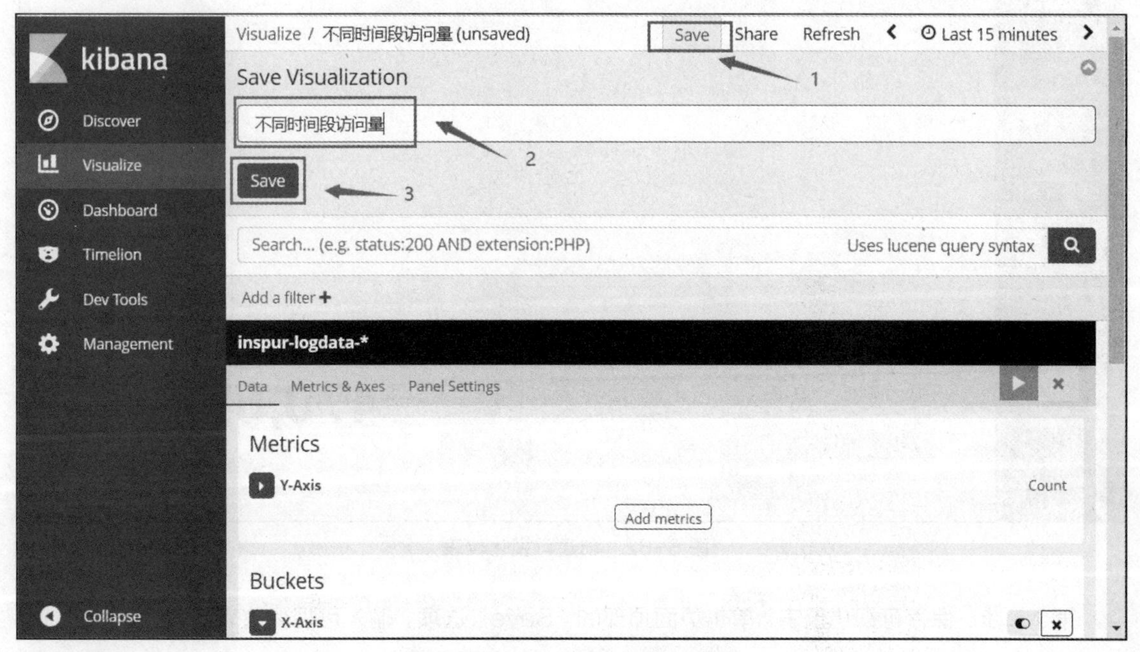

图 6-60　保存不同时间段访问量

第十步：实时访问量。单击“Visualize”，选择加号，创建“Metrics”图并保存，设置名称为“实时访问量”，如图 6-61 所示。

图 6-61　实时访问量

第十一步：创建可视化仪表。单击页面左侧的“Dashboard”，执行“Create a dashboard”命令创建可视化仪表，选择“不同时间段访问量”和“实时访问量”图表，即可创建一个可视化仪表，如图 6-62 所示。

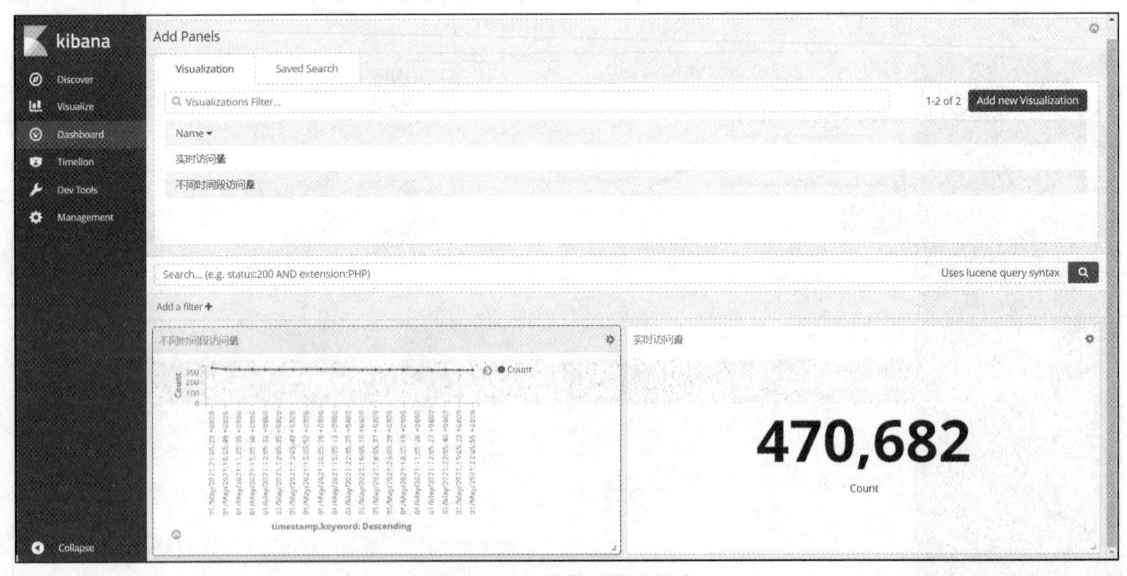

图 6-62　创建可视化仪表

第十二步：保存可视化仪表。单击页面顶部的“Save”选项，输入可视化仪表名称为“inspur”，单击名称下方的“Save”按钮保存仪表，如图 6-63 所示。

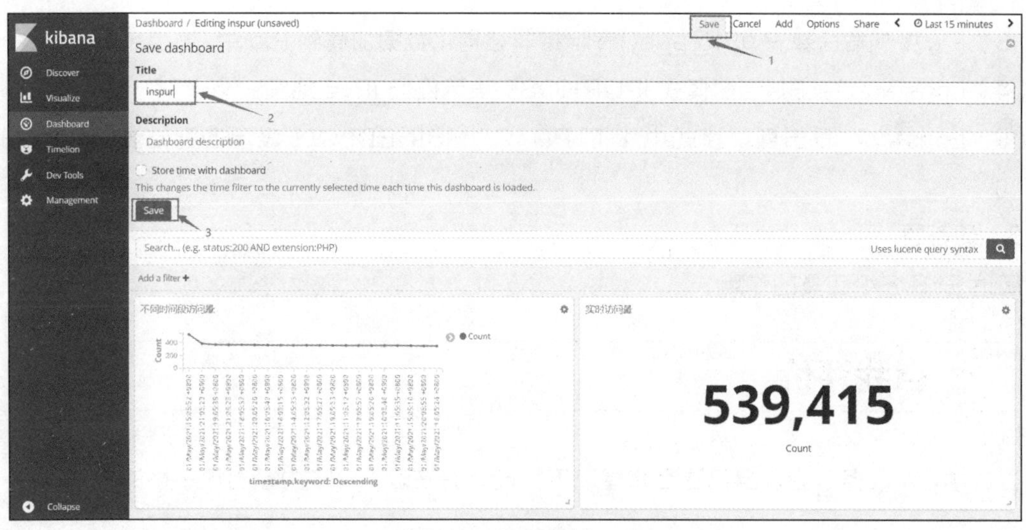

图 6-63　保存可视化仪表

项目小结

本项目通过对动态网页数据预处理相关知识的讲解，帮助读者加深对数据预处理的认识，并掌握 Pandas 库、Pig，以及 ELK 数据处理的方法，使读者能够通过所学知识对不同的数据进行预处理。

课后习题

1. 选择题

（1）以下不属于 read_csv()方法包含参数的是（　　）。

A. io　　B. names　　C. sep　　D. header

（2）Pandas 库中用于查看基本信息的方法是（　　）。

A. Data Frame.info()　　B. Data Frame.unique()

C. Data Frame.head()　　D. Data Frame.tail()

（3）Logstash 过滤器中用于匹配日志中的 IP 地址的匹配模式是（　　）。

A. IPORHOST　　B. IP　　C. HOST　　D. IPV4

（4）Pig 内置函数中用于去除字符串头尾空格的函数是（　　）。

A. LTRIM()　　B. RTRIM()　　C. TRIM()　　D. UPPER()

（5）Logstash 中表示标准输入插件的是（　　）。

A. File　　B. Kafka　　C. Input　　D. Stdin

2. 判断题

（1）Pandas 库是 Python 的核心闭源数据分析支持库。（　　）

（2）Pandas 库中 read_csv()方法默认使用“,”作为列分隔符。（　　）

（3）Pig 中加载函数 PigStorage()表示将非结构化数据加载到 Pig 中。（　　）

（4）Logstash 中正则匹配模式 IPORHOST 表示匹配 IPv4 地址。（　　）

（5）Logstash 日志匹配模式中 HTTPD_COMBINEDLOG 表示匹配过滤 httpd 日志。（　　）

3. 简答题

简述 ELK 各个工具的作用。

自我评价

通过学习本任务，查看自己是否掌握以下技能，并在表 6-26 中标出已掌握的技能。

表 6-26　技能检测表

评价标准	个人评价	小组评价	教师评价
具备使用 Pandas 库进行数据预处理的能力			
具备使用 Pig 进行数据预处理的能力			
具备使用 ELK 进行数据采集和处理的能力			

备注：A. 具备　B. 基本具备　C. 部分具备　D. 不具备